白鹭展翅 匠心智造

三亚市体育中心体育场高效建造关键技术

§

北京城建六建设集团有限公司　组织编写

高文光　主编

中国建筑工业出版社

图书在版编目（CIP）数据

白鹭展翅 匠心智造：三亚市体育中心体育场高效
建造关键技术/北京城建六建设集团有限公司组织编写；
高文光主编 . -- 北京：中国建筑工业出版社，2025.1.
ISBN 978-7-112-30850-7

Ⅰ. TU245

中国国家版本馆 CIP 数据核字第 20253WZ795 号

责任编辑：张　磊
文字编辑：张建文
书籍设计：锋尚设计
责任校对：赵　力

白鹭展翅 匠心智造

三亚市体育中心体育场高效建造关键技术

北京城建六建设集团有限公司　组织编写

高文光　主编

*

中国建筑工业出版社出版、发行（北京海淀三里河路9号）

各地新华书店、建筑书店经销

北京锋尚制版有限公司制版

临西县阅读时光印刷有限公司印刷

*

开本：880毫米×1230毫米　1/16　印张：16　字数：436千字

2025年1月第一版　　2025年1月第一次印刷

定价：**198.00**元

ISBN 978-7-112-30850-7

（44434）

本书编写委员会

序

　　三亚市体育中心体育场是海南省标准最高、规模最大的体育场馆，是第十二届全国少数民族传统体育运动会开闭幕式场地，也是北京城建集团践行"大国工匠"精神、积极投身海南自贸港建设的重大工程。作为海南自贸港建设进程中的标志性建筑之一，三亚市体育中心体育场填补了三亚市没有大型现代化体育场馆的空白，展现了三亚市良好的城市形象，推动了当地文体和旅游产业的蓬勃发展，已成为三亚市新地标和城市发展新引擎。

　　三亚市体育中心体育场建筑设计独特，外形新颖靓丽，结构形式复杂，工程建设中充满了挑战。自2019年开工建设以来，北京城建六建设集团建设团队通过精心部署和技术攻关，实现了CFRP平行板索在大型体育场馆中的国内外首次应用，并创新应用了120mm大直径国产高钒密闭索、高强度铸钢索夹、大角度倾斜柱安装技术和索桁架提升张拉与空中组装技术等多项新材料、新技术，解决了一系列施工技术难题。三亚市体育中心体育场凝聚了建设团队的智慧与汗水，是技术创新与应用的成功范例。

　　本书针对三亚市体育中心体育场的设计特点和技术难点，凝练了工程建造全过程的技术创新成果，重点介绍了钢结构工程、轮辐式索桁架结构工程、多曲面单元膜幕墙工程、膜结构屋面工程、不锈钢金属屋面工程、泛光照明工程等关键施工技术和工程细部做法，是工程技术团队为大型体育场馆建设留下的珍贵资料。

　　本书为我国大型体育场馆建设提供了宝贵的经验与启示，相信读者在阅读本书后，能够从中获取有益的帮助和借鉴。

李久林

国 家 卓 越 工 程 师
北京城建集团总工程师

前言

　　三亚市体育中心体育场位于海南省三亚市吉阳区抱坡新城，工程总建筑面积10.7万m²，座席4.5万座，是海南省规模最大、标准最高的甲级大型体育场，能够满足最高水平赛事直播要求，能够举办最高等级的全国综合性比赛和国际单项比赛，是三亚市重大民生项目和城市新地标性建筑，承担了第十二届全国少数民族传统体育运动会开闭幕式的任务。

　　三亚市体育中心体育场建筑外形新颖靓丽，结构形式复杂独特，大量应用新技术、新材料、新工艺，技术难度大，科技含量高。工程建设过程中，施工团队通过理论研究、仿真模拟、试验分析等方法，攻克了一系列的技术难题，成功研发了大角度倾斜铰接柱与平面环桁架支承结构施工关键技术、大跨度轮辐式索桁架结构施工关键技术、连续拱形膜结构屋面施工关键技术，成功解决了碳纤维（CFRP）索应用于大跨度空间结构、120mm大直径高钒密闭索国产化加工、采用欧洲标准生产G10材质大截面铸钢索夹、不规则多曲面膜结构单元幕墙泛光照明系统的建造难题，实现多项技术创新，其中两项技术成果达到国际领先水平，两项技术成果达到国际先进水平。

　　项目施工团队坚持精益求精的精神，通过科学管理、精心施工，将三亚市体育中心体育场建造成造型优美、功能齐全、质量过硬、与海南自贸港高质量发展相匹配的精品工程，工程质量受到业界专家和各方好评，项目最终成功荣获2022～2023年度"中国建设工程鲁班奖"。

　　项目施工团队以三亚市体育中心体育场全过程建造为载体，针对工程施工的重大技术难题，将技术攻关和工程实践中形成的技术创新成果进行总结和提炼，编写了本书，以期为今后的大型体育场馆建设提供借鉴和参考。

　　在工程建设和本书编写过程中，得到了北京城建集团和业界专家的支持和帮助，在此表示衷心感谢！

　　鉴于编者水平有限，难免有不足和疏漏之处，恳请广大读者予以指正。

Contents
目录

第1章 项目概况

第2章 大角度倾斜铰接柱与平面环桁架支撑结构施工技术

第3章 大跨度轮辐式索桁架结构施工技术

第4章 | 连续拱形膜结构屋面施工技术

第5章 | 多曲面膜结构单元幕墙施工技术

第6章 | 大面积不锈钢金属屋面施工技术

第7章 不规则多曲面立面膜泛光照明施工技术

第8章 工程细部做法

第9章 工程建设影像

第1章

§

项目概况

三亚市体育中心体育场位于海南省三亚市吉阳区抱坡新城，是海南省建设规模最大、标准最高的甲级大型体育建筑，可承办国际各类单项比赛和国内综合性比赛。该项目是三亚市重点打造的抱坡新城片区的首个落成项目，是第十二届全国少数民族运动会比赛场地，未来还将承接自贸港顶流商业演出、大型体育赛事、国家队南方训练基地及全民健身等活动，将带动整个片区打造自贸港文体产业聚集区，促进三亚市文体事业、产业发展。

体育场建筑设计优雅、轻灵，充满活力，平面为圆润五边形，形似海底珊瑚；立面造型源于三亚市鸟——白鹭，形如"白鹭展翅"；内场配色如同海洋、沙滩、蓝天、白云，与美丽海滨城市完美契合，是美丽三亚新地标，其实景图如图1-1所示。

图1-1 体育场实景

项目承包模式为EPC（Engineering Procurement Construction）模式，建设单位为三亚市旅游和文化广电体育局，方案设计单位为德国GMP国际建筑设计有限公司，EPC工程总承包单位为北京城建六建设集团有限公司。本工程于2019年10月10日开工，2022年6月28日竣工，2023年4月20日完成竣工备案手续，质量目标为"中国建设工程鲁班奖"。

1.1 建筑概况

三亚市体育中心体育场总占地面积约28.5万m²，总建筑面积106659.06m²，座席数4.5万座。建筑外轮廓为不规则五边形，南北长311m，东西宽275m（图1-2），无地下室，地上四层，建筑高度46.3m。建筑设计使用年限为50年，抗震设防烈度为6度。

图1-2 体育场平面图

　　体育场场内为足球场及田径比赛场。室内首层西侧为赛事专用区，其余为消防水泵房、生活给水泵房、变配电室、监控室、风机房等功能性用房。二层西侧为贵宾区，其余为观众卫生间及服务用房等。三层为VIP包厢及赛事功能控制用房。四层主要为观众卫生间。配套商业用房分为三个商业楼，共计四层，与场区外围观众平台相连。各层平面图如图1-3～图1-6所示。

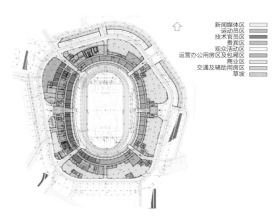

图1-3 首层平面图

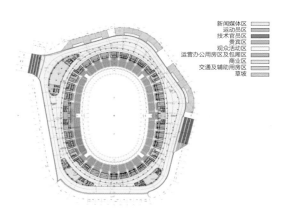

图1-4 二层平面图

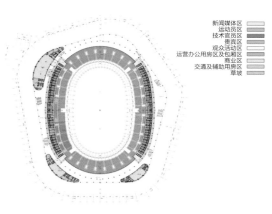

图1-5 三层平面图

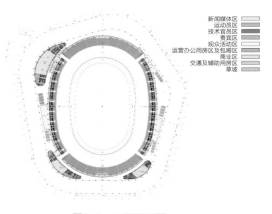

图1-6 四层平面图

体育场上层看台观众疏散（图1-7）采用中行式疏散方式，通过36个看台出口疏散至四层观众疏散大厅，再沿周边布置的24部疏散楼梯到达二层观众疏散大平台。下层看台观众疏散（图1-8）采用上行式疏散方式，通过42个看台纵向走道直接疏散到二层观众疏散大平台。

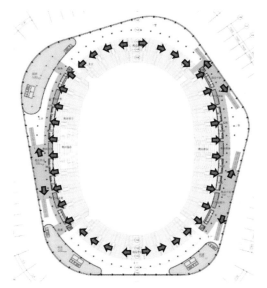 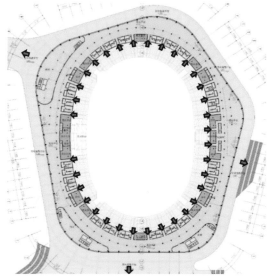

图1-7　上层看台观众疏散示意图（四层平面图）　　　　图1-8　下层看台观众疏散示意图（二层平面图）

体育场比赛场地包含田径比赛场和足球比赛场。田径比赛场设置8条弯道、10条直道，田径场地内设置弯道半径36.5m、道宽1.22m的标准400m椭圆跑道，其他区域设置标枪投掷区、跳高场地、铅球场地、链球（铁饼）投掷区、撑竿跳高场地、3000m障碍水池等。田径场地跑道采用预制环保型橡胶专用卷材跑道，主跑道面层厚度为13mm，跳远、跳高、撑竿跳高、掷标枪助跑区局部加厚至20mm，障碍水池底落地区厚度为25mm，辅助区面层厚度为9mm。足球比赛场尺寸为105m×68m，场地采用暖季型天然草坪，通过国际足联一类场地标准认证。体育场内场实景如图1-9所示。

图1-9　体育场内场实景

1.2 结构概况

三亚市体育中心体育场工程结构安全等级为一级，结构重要性系数为1.1，桩基、地基设计等级为甲级，抗震设防烈度为6度（0.05g），建筑抗震设防类别为重点设防类，建筑场地类别为Ⅱ类，设计地震分组为第一组，特征周期为0.35s。

体育场基础桩采用钻孔灌注桩，桩径1000mm，共计1078根桩，主体下部混凝土结构为框架剪力墙结构（图1-10），上部钢结构罩棚采用轮辐式张拉索膜结构（图1-11）+实腹式刚架结构（图1-12），地上四层，混凝土看台最高点高度22.9m，钢结构罩棚最高点高度44.0m。

图1-10 框架剪力墙结构

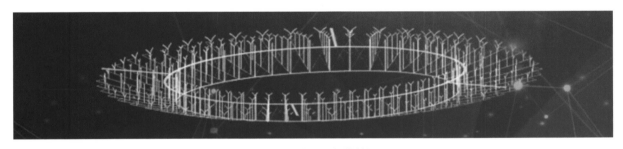

图1-11 轮辐式张拉索膜结构

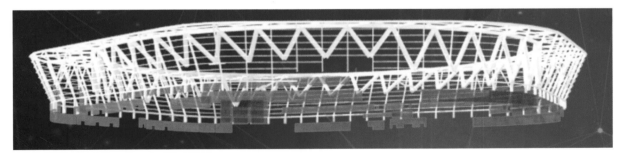

图1-12 实腹式刚架结构

体育场钢结构罩棚外轮廓平面投影为不规则的五边形，最长边尺寸为262.8m，最短边尺寸为162.4m，主体钢结构用钢量达1.3万t。外圈钢结构主要包括受压内环梁、外环梁、交叉梁、内环柱、外幕墙柱，平面环桁架由向外倾斜的174根倾斜柱支撑，上方为金属屋面结构，下方采用固定轴承铰支座生根于混凝土看台的不同楼层，所有钢柱两端的连接均为双向轴承铰接，钢结构最大跨度39m。

内圈结构由52榀轮辐式索桁架和覆盖的PTFE膜材屋面组成，索膜结构悬挑长度为45m。内圈轮辐式张拉索膜结构与外圈倾斜铰接柱支撑的平面环桁架结构组成稳定平衡体系。体育场罩棚示意图如图1-13所示。

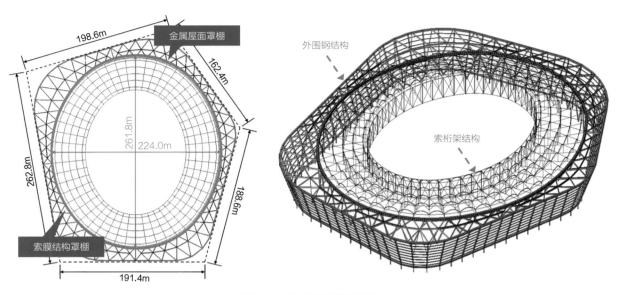

图1-13 体育场罩棚示意图

1.3 幕墙工程

本工程幕墙工程主要包含铝板幕墙、玻璃幕墙、PTFE膜结构单元幕墙。外立面膜结构幕墙设计主题为三亚市市鸟白鹭的形象，给人以通透灵动的感觉，寓意白鹭展翅高飞。立面膜结构整体为972片异形骨架膜单元装配组成外围护幕墙系统，其主要采用9条环形适应性变形钢围檩将全铰接幕墙柱与一个个骨架单元膜联系在一起，水平成环，上下错位排列。通过多曲面膜组合安装结构实现了多个独立单元膜结构与倾斜钢结构的连接，形成整体的幕墙围护结构，解决了敞开式屋盖产生场内风压问题，该结构的镂空率达到40%，能够很好地满足工程属地季候要求，形成空气畅通对流。膜结构立面图如图1-14所示，立面膜"白鹭"幕墙效果图如图1-15所示。

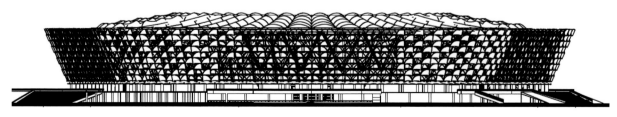

图1-14 膜结构立面图

图1-15 立面膜"白鹭"幕墙效果图

1.4 屋面工程

三亚市体育中心体育场屋面工程主要采用不锈钢金属屋面、PTFE膜结构屋面和涂料地坪屋面,其中钢结构罩棚部分屋面采用不锈钢金属屋面及PTFE膜结构屋面,为非上人屋面,防水等级二级。配套商业部分屋面为涂料地坪上人屋面,防水等级一级。钢结构金属屋面为异形环状屋面,外边缘为不规则五边形,内边缘为四段圆弧组成的四心圆,每处屋面宽度、坡度均不同。金属屋面体系包括不锈钢金属屋面系统、檐口系统、天沟系统等,金属屋面板厚度为0.6mm,总面积约为3.19万 m^2,其中直立锁边不锈钢焊接屋面系统面积为1.7万 m^2、檐口系统面积为1万 m^2、天沟系统面积为4900 m^2。膜结构屋面主要由52榀拱杆式PTFE膜单元组成,膜材厚度1mm,经向抗拉强度≥8000N/5cm,纬向抗拉强度≥7500N/5cm,防火等级B1级,膜结构屋面面积3.5万 m^2。金属屋面实景如图1-16所示。

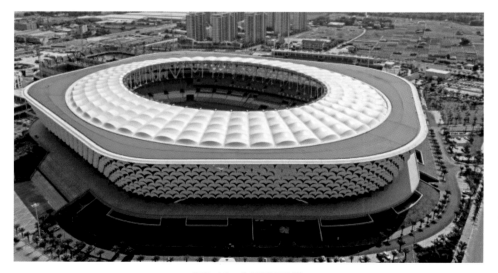

图1-16 金属屋面实景

1.5　机电工程

三亚市体育中心体育场为全生命周期智慧化场馆，通过24个智能化系统，建立综合智慧平台，是集体育竞技、观赛体验、媒体转播、全程服务、智慧安保等多位一体的智慧场馆。场地扩声系统一级标准，照明系统Ⅵ级标准。通过智能化控制，能够举办HDTV转播重大国家比赛、重大国际比赛；田径场地照明照度标准Ⅳ级，能够举办TV转播国家比赛、国际比赛。机电主干线在建筑物各层整体沿结构环形布置，多专业机电管线空间排布，节点固定难度大。建筑物夜间的泛光照明系统，依托建筑立面膜独特的"白鹭展翅"造型，设立投光灯、点光源、线条灯，通过智能照明控制系统，实现了光源与通透膜材的完美组合，呈现绚丽多彩的泛光效果。体育场泛光照明效果如图1-17所示。

图1-17　体育场泛光照明效果

1.6　工程特点难点

1.6.1　建筑造型独特，契合城市风貌

建筑设计优雅、轻灵，充满活力，平面为圆润五边形，形似海底珊瑚；立面造型源于三亚市鸟白鹭，形如"白鹭展翅"；内场配色如同海洋、沙滩、蓝天、白云，与美丽海滨城市完美契合。体育场外景如图1-18所示，比赛场地如图1-19所示。

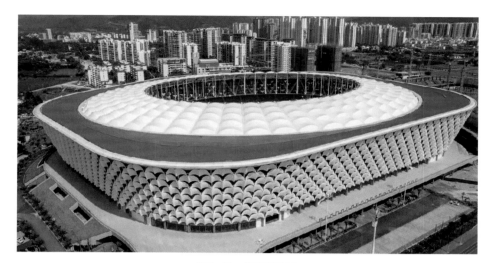

图1-18 体育场外景

图1-19 比赛场地

1.6.2 钢结构安装难度大，精度控制要求高

钢结构为倾斜铰接柱-平面环桁架支撑结构，内外环柱均为倾斜状态，最大倾斜角度45°，最大柱身长度30m，柱上下节点均采用双向轴承铰接，内外环梁最大跨度39m，安装精度及变形控制直接影响索结构安装质量，精度控制要求高。钢结构三维模型如图1-20所示。

（1）钢结构安装精度要求高

内外环柱均为大角度倾斜状态，且与环梁的连接为关节轴承连接，其对安装精度的要求较高，而且钢结构的安装位形对索桁架成型状态的索力与位形影响较大，因此钢结构的安装精度需严格控制，此为工程难点。

钢结构首次使用了直径达280mm的不锈钢向心关节轴承，各类型号324个。需要保证关节轴承单

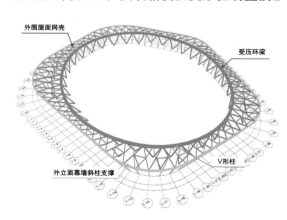

图1-20 钢结构三维模型

元本身的组装精度，避免过大的安装误差导致轴承卡死失效的情况。

（2）临时支撑体系受力复杂

下部看台结构为钢筋混凝土框架剪力墙结构，上部罩棚结构为钢结构和索膜体系。其外围钢结构的跨度及梁截面均较大，吊装单元重量大，底部混凝土看台为阶梯状，高低不平，对临时支撑胎架的承载力及底部工装提出了更高的要求。内外环柱倾斜角度各不相同，上部铰接支座使得支撑胎架的顶部构造设计复杂。

（3）大角度倾斜柱和钢结构环梁安装难

钢结构柱最大倾斜角度45°，柱群分别与上部平面环梁及下部看台混凝土结构轴承铰接。如按照传统的"先柱后梁"的安装顺序，将造成支撑胎架水平推力过大，对胎架承载力、抗倾覆能力要求较高，带有轴承铰支座的倾斜钢柱在高空中安装精度控制难。钢结构安装完成效果图如图1-21所示。

图1-21　钢结构安装完成效果图

1.6.3　索结构形式新颖，成型技术复杂

索结构为双层轮辐式凸面桁架结构，为国内首次应用。索桁架由52榀双层径向索、环向索、钢撑杆及内环交叉索，通过铸钢索夹连接组成，上下弦为柔性索体，中间杆为刚性杆件，悬挑45m，总索长13680m。主索为高钒密闭索，交叉索为板式碳纤维索。

索结构具有跨度大、用索量大、张拉力差异大、成型过程结构刚度变化大等特点，施工中上下径向索牵引力控制、索网整体稳定性控制难度大，提升张拉技术复杂。索结构三维模型如图1-22所示。

（1）索网整体张拉精度控制难度大

索桁架施工需要在每根拉索和杆件中建立必要合理的预应力，结构方

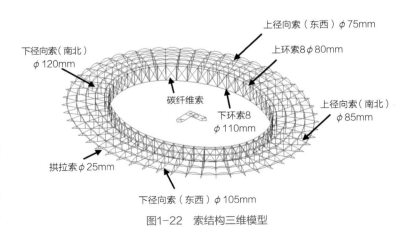

图1-22　索结构三维模型

可成型且达到与设计相符的初始态,否则不仅结构形状无法控制,而且结构安全性难以保证。索结构不仅在上下径向索上存在预应力,而且在上下环向索上均存在预应力,整体结构受力情况复杂、几何非线性强。为保证结构成型满足设计要求(如内力和位形),施工前,需要进行索网施工过程模拟分析(主要是针对牵引安装和张拉成型两个过程),以掌握关键施工阶段的索网的状态,验证施工过程中索网稳定性,保证施工过程的安全稳定性满足设计要求。

(2)施工仿真计算分析难度大

索结构构件种类多,施工仿真计算分析复杂,整体模型建立难度大。模型建成后除仿真模拟桁架结构提升、张拉过程,还要模拟外围钢结构在索拉力作用下产生的应力及应变,结合索桁架、外围钢结构整体受力情况进一步计算分析索桁架。各构件受力及位形变化是仿真模拟、计算分析的重点。索结构张拉完成效果图如图1-23所示。

图1-23 索结构张拉完成效果图

1.6.4 膜结构规格多样,装配精度要求高

外立面由22种规格、972个骨架式PTFE膜单元组成,建筑外轮廓转角弧度不同,膜单元环向为"品"字交错排列,骨架为双曲面结构,膜面需整体裁切,一次成型,装配安装精度控制要求高。屋面膜结构由52榀拱杆式PTFE膜单元组成,高空安装难度大。

(1)结构体系对罩棚及立面膜结构的适应变形要求高

钢索结构受台风季影响,结构变形较大,对罩棚膜和立面膜结构的变形要求较高,体系设计及施工为工程重难点。

(2)膜材的收缩量值难以确定,影响膜材的裁切尺寸

罩棚膜单元固定于钢索结构上,立面膜单元固定于异形钢骨架上,膜边均为不可调节固定端,预张拉力依靠裁剪收缩量控制,试验、模拟、找形、如何确定裁切尺寸为难点。

（3）立面膜单元装配安装精度控制要求高

立面膜体系采用9排、108列、972个骨架式膜单元环向错位排列，在整体造型上从低到高逐步放大，附着的钢结构柱为倾斜状态。异形骨架式膜单元的结构设计施工在膜行业尚属首次，装配安装精度控制为难点。

（4）屋面膜高空安装难度大

屋面索膜结构悬挑长度45m，膜材展开及张拉施工均在46.5m高空完成，高空作业平台的选择是施工的难点。屋面膜结构效果图如图1-24所示，立面膜结构效果图如图1-25所示，膜单元型号如表1-1所示。

图1-24 屋面膜结构效果图

图1-25 立面膜结构效果图

膜单元型号 表1-1

序号	膜材位置	单片正面可视部分展开面积（m²）	片数	总正面可视部分展开面积（m²）
1	直线段变形缝单元	26.54	48	1274
2	直线段标准单元	25.99	424	11020
3	直线段顶层标准单元	26.33	51	1343

序号	膜材位置	单片正面可视部分 展开面积（m²）	片数	总正面可视部分 展开面积（m²）
4	弧形段第一层标准单元	26.79	44	1179
5	弧形段第二层标准单元	27.13	43	1167
6	弧形段第三层标准单元	27.50	44	1210
7	弧形段第四层标准单元	27.85	43	1198
8	弧形段第五层标准单元	28.24	44	1243
9	弧形段第六层标准单元	29.05	43	1249
10	弧形段第七层标准单元	29.57	44	1301
11	弧形段第八层标准单元	29.86	43	1284
12	弧形段第九层标准单元	30.13	44	1326
13	弧形段变形缝第一层	26.61	5	133
14	弧形段变形缝第二层	27.12	8	217
15	弧形段变形缝第三层	27.53	5	138
16	弧形段变形缝第四层	27.80	8	222
17	弧形段变形缝第五层	28.50	5	143
18	弧形段变形缝第六层	29.33	8	235
19	弧形段变形缝第七层	29.84	5	149
20	弧形段变形缝第八层	30.16	8	241
21	弧形段变形缝第九层	30.56	5	153
合计			972	26422

1.6.5　多种特殊结构材料创新应用，技术攻关难度大

（1）索桁架内环交叉索采用碳纤维（CFRP）索，将碳纤维材料应用于大跨度空间结构为国际首例，该索体代替传统钢索作为索桁架内环交叉索，减轻了索结构悬挑端自重，减小了交叉索对环向索内力的影响，结构更加轻盈。碳纤维索作为内环交叉索，如何与高钒密闭索两种不同材质材料组成连接节点，使索体系稳定，其节点构造是难点。轮辐式索桁架与碳纤维索安装分别如图1-26、图1-27所示。

图1-26　轮辐式索桁架

图1-27　碳纤维索安装

（2）铸钢索夹最大重量5t，最大耳板厚度190mm，超出国内规范最大100mm的规格，参考欧洲规范，国内首次选用G10MnMoV6-3+QT2材质进行铸钢节点设计，索夹的铸造工艺、铸造质量、索夹铸件与异种合金钢焊接、索夹检测、索夹抗滑移性能等需要进行技术攻关。环向索索夹与铸钢索夹打磨分别如图1-28、图1-29所示。

图1-28　环向索索夹　　　　　　　　　　　　　　图1-29　铸钢索夹打磨

（3）国内体育建筑首次使用120mm大直径国产高钒密闭索（图1-30），需要研究国内外封闭索体铸造工艺，结合项目设计要求，制定大直径封闭索体加工验收控制点和验收参数，保证封闭索体的加工质量。密闭索断面如图1-31所示。

图1-30　120mm大直径高钒密闭索　　　　　　　　图1-31　密闭索断面

（4）国内体育建筑首次使用280mm大直径不锈钢关节轴承。销轴安装的关键是保证销轴轴心与轴承形心一致，推力均匀，防止销轴安装过程中产生偏心，造成轴承内套损伤和面外扭转，销轴的安装精度控制难。轴承铰支座如图1-32所示，不锈钢关节轴承如图1-33所示。

图1-32 轴承铰支座

图1-33 不锈钢关节轴承

1.6.6 光源与通透膜材完美结合，呈现绚丽多彩泛光效果

建筑立面镂空率高达40%，灯具光源需透过膜材呈现泛光效果，光斑、溢光和炫光控制难度大，对光源选型、灯具定位、照射角度、综合调试等要求高。泛光照明效果图如图1-34所示。

图1-34 泛光照明效果图

1.6.7 机电专业系统多，管线排布难度大

机电工程涉及3.6万m风管、4.4万m给水排水、4.7万m消防、3.2万m桥架等管线的施工，建筑中多采用弧形构件，如何顺利地完成各类功能管线的安装，且排布美观、功能合理，为工程难点。项目采用BIM建模进行综合排布，对工程结构、吊顶、管线等设计进行深化和优化，各交叉专业多次协调后，利用综合三维施工图进行施工，各专业采用综合支吊架依次施工。BIM项目整体建模、BIM走廊施工排布如图1-35、图1-36所示，现场施工排布如图1-37所示，配电室处走廊管线排布剖面图如图1-38所示，生活水泵房处走廊管线排布剖面图如图1-39所示。

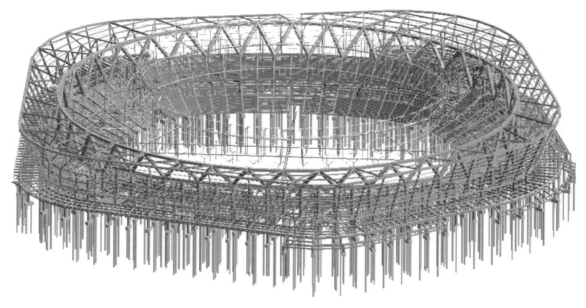

图1-35　BIM项目整体建模

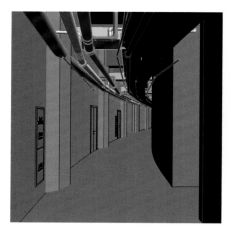

图1-36　BIM走廊施工排布

图1-37　现场施工排布

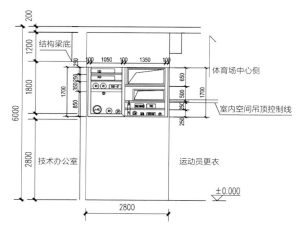

图1-38　配电室处走廊管线排布剖面图

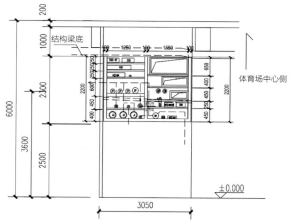

图1-39　生活水泵房处走廊管线排布剖面图

第 2 章

§

大角度倾斜铰接柱与平面环桁架支撑结构施工技术

2.1 钢结构概况

体育场钢结构采用倾斜铰接柱支撑的平面环桁架结构，结构体系新颖，节点数量多，连接构造复杂，其为在国内首次将双向铰接的倾斜柱群作为竖向承重的结构形式。钢结构柱上部采用关节轴承与环梁铰接连接并沿环向转动，下部采用关节轴承与柱脚埋板进行轴承铰接连接并沿径向转动。向心关节轴承最大直径达280mm，为国内体育建筑中应用直径最大的不锈钢轴承，工程总共有ϕ180mm、ϕ200mm、ϕ260mm、ϕ280mm等不同直径的向心关节轴承共324个，为保证整体钢结构体系稳定，所有钢柱设计成15°~45°外倾斜角度。屋顶采用了平面环桁架钢结构体系，有利于平面内受力的稳定性，降低了顶部受力钢结构的高度。钢结构组合示意图如图2-1所示。

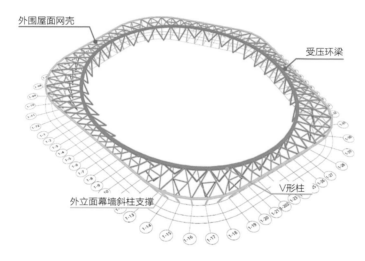

图2-1 钢结构组合示意图

2.2 倾斜铰接柱安装技术

三亚市体育中心体育场钢结构工程的主要特点是大角度倾斜铰接柱群及平面环桁架体系，柱群的倾斜角度各不相同，倾斜角度最大达45°。因此，用于辅助钢结构安装的临时支撑胎架的设计、安装复杂。工程外圈钢结构主要包括外立面幕墙斜柱支撑、外围单层网壳屋面与受压环梁和其下方倾斜柱连接，结构整体受力，外侧钢结构最大跨度达39m。体育场看台施工后呈阶梯状，并且看台外环为上人二层平台，落差达16m，支撑胎架体系搭设在看台及二层平台上，支撑胎架安装施工技术难度较大，安全要求较高。钢结构胎架支撑体系安装的质量直接影响钢结构最终体系成型状态的安全稳定性和精度，需要选择合理的胎架设计、安装技术、精度控制技术等，保证钢结构施工前、中、后期的稳定性和安全性。同时，建立整体结构模型，从钢结构吊装到平面环桁架连接成整体过程中，需要大量的仿真计算模拟分析，是胎架施工技术中的重点、难点。倾斜铰接柱群胎架布置现场实例如图2-2所示。

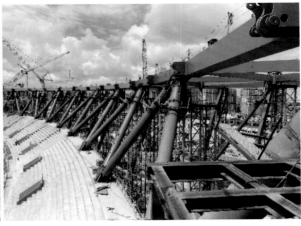

图2-2 倾斜铰接柱群胎架布置现场实例

2.2.1 胎架设计构造

钢结构柱群向外最大倾斜角度达45°，重心在外，柱脚内侧与支座连接，开始安装时外侧柱头悬空，由于钢结构分段安装，空间结构体系还未形成，构件自身重力以及对其他构件产生的作用力无法传递，需通过胎架系统形成稳定的受力体系。考虑该工程结构柱群倾斜角度大、跨度大、场地限制等特点，以及综合各种施工因素，采取靴形复合胎架的设计方案，确保大角度倾斜钢柱群受力稳定。

工程采用靴形复合胎架构造形式，即使两个单独胎架连接成整体，立柱与立柱之间，以及立柱与腹杆之间的连接均采用大六角高强度螺栓连接，胎架体系主体结构为格构式标准节模式，靴形复合胎架顶部在节点区域采用非标准形式的K形支撑顶部构造与平面环梁及柱头铰支座连接，下部采用靴形加强底座用来合理传力并增加稳定性，采用现场逐节拼装、焊接格构支撑架方式安装钢结构胎架。

钢结构倾斜柱柱头与平面环梁节点处构造复杂，呈K形样式，胎架支撑节点设计、施工困难。采用Midas Gen软件进行建模、设计，在节点区域采用1:1放样的非标准顶部构造，用于支撑环梁及K形铰接柱头。K形节点支撑构造支撑面与斜柱倾斜方向平行，最大限度抵抗倾斜柱带来的侧向推力。胎架顶部构造与标准节焊接斜向支撑，以满足顶部构造的强度、刚度、稳定性要求。此类型胎架现场组拼快捷，有利于安装精度控制，可满足场地安装实际情况。靴形复合胎架剖面图如图2-3所示。

按胎架的最大反力值进行复核验算，取最大高度为28m、自重211kN、取最不利的荷载组合，考虑支撑胎架承受竖向荷载、偏心受压及风荷载进行稳定性验算，通过对标准节受力计算，进行格构

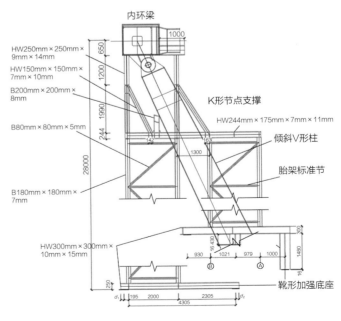

图2-3 靴形复合胎架剖面图

式压弯构件整体稳定性验算，满足稳定性要求。K形节点支撑三维图如图2-4所示，靴形复合胎架如图2-5～图2-8所示。

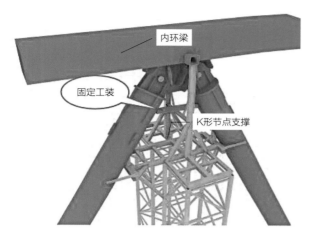

图2-4 K形节点支撑三维图

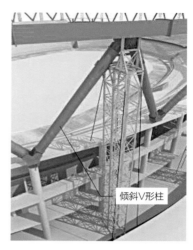

图2-5 靴形复合胎架三维图

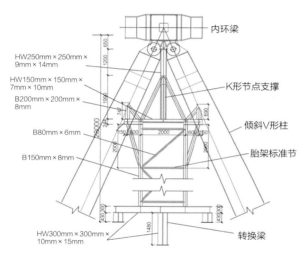

图2-6 靴形复合胎架立面图

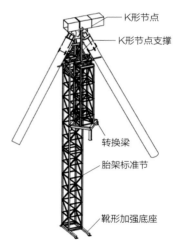

图2-7 靴形复合胎架轴测图

图2-8 靴形复合胎架支撑体系现场实例

支撑胎架荷载主要包括胎架、柱自重、内环梁钢结构的竖向荷载、风荷载。胎架立杆采用□150mm×8mm，横杆与斜杆采用□80mm×6mm，转换梁采用HW300mm×300mm，材质均为Q355B，胎架自重21.1t。

2.2.2 胎架标准节拼装

工程钢结构胎架整体尺寸较大，其分段构件拼装的质量和精度要求高，整体安装时容易产生较大的累积误差，影响整体工程的质量。另外，由于胎架高度高达28m，无法在厂内加工成成品，整体运至现场，需要在现场进行组装。如何确定合理的胎架安装方法，提高拼装精度，成为复杂钢结构胎架安装技术需要解决的重要问题。

结合现场实际条件，经过仿真模拟分析计算，对胎架进行了合理的设计，标准支撑架为四边格构支撑架，由三个组件组成，通过水平腹杆a、斜腹杆b、柱内水平撑杆c进行连接，材料为Q355B，每个标准节为三跨，截面尺寸2m×2m，立杆：□180mm×7mm，腹杆：□80mm×5mm。标准支撑架组成如图2-9所示。

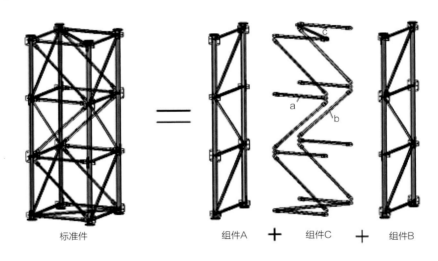

标准件　　　　　　组件A　＋　组件C　＋　组件B

图2-9　标准支撑架组成

立柱与立柱之间，以及立柱与腹杆之间连接均采用大六角高强度螺栓连接，采用双垫片拧紧，所有的标准件在制作过程中均进行过预拼装，均能自由组装。格构式胎架安装应严格与地梁中心线对齐，并在相应受力位置焊接加劲板。

采用对角线检测法，有利于控制单个标准节拼装的截面尺寸，进而保证整体安装尺寸偏差。在拼装过程中，尽量在平整的场地进行，连接板对孔不得气割扩孔。胎架拼装精度允许偏差如表2-1所示。

胎架拼装精度允许偏差　　　　　　　　　　　　　表2-1

名称	项目	允许偏差（mm）
支座安装	垂直度	≤H/1000且≤25
	对接处立杆错边量	≤2
	整体平面弯曲	≤H/1500且≤25

经现场实测实量，胎架拼装后，垂直度最大偏差+5mm，平面弯曲最大偏差+8mm，接口错边2mm，以上均满足规范要求。

2.2.3 加强底座设计安装

由于体育场钢结构柱多为大角度倾斜钢柱群，在顶部平面环桁架连接成整体之前，结构体系受力不稳定，对胎架的支撑稳定性要求很高，倾斜钢柱向胎架传递的竖向压力及水平推力很大，也给结构安装带来较大的困难。为使结构最终受力合理，需要对下部支撑结构的承载力进行验算，如何保证环梁和斜柱在荷载传递过程中胎架受力的稳定性，是需要重点考虑的难题。

对该工程在整体施工过程仿真分析中提取反力，进行钢结构施工全过程的模拟，靴形底座采用HW250mm×250mm的型钢沿柱倾斜方向加长，并与基础结构预埋板进行焊接固定，整体设计为靴形胎架，以增强胎架的抗倾覆能力，配合缆风绳的使用，能较好地应对倾斜柱及环梁的共同受力。靴形加强底座平面图如图2-10所示，靴形加强底座及转换梁实例如图2-11所示。

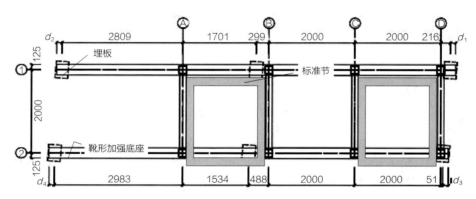

图2-10 靴形加强底座平面图

图2-11 靴形加强底座及转换梁实例

考虑胎架安装于看台的梯段板位置，胎架基础高差较大，需要通过设置转换梁保证其受力稳定。转换梁采用HW300mm×300mm的型钢作为底座，与下部结构预埋件进行焊接，预埋件位置按照楼面混凝土梁的位置进行选取，将上部荷载通过转换梁传递至下部结构的梁上。在埋件焊接位置垫一块钢衬板，避免转换梁与土建结构楼板直接接触，该施工方法能够防止上部荷载对楼板产生的破坏。由于混凝土结构看台呈阶梯状，胎架基础受力不均匀，将架体及转换梁根据现场实际情况进行建模，通过仿真模拟分析及受力计算得出底座形式，看台处转换梁做法、靴形加强底座做法如图2-12、图2-13所示。

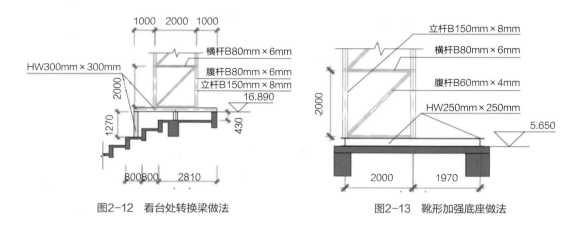

图2-12 看台处转换梁做法　　　　　　图2-13 靴形加强底座做法

转换平台的安装精度，直接影响到上部胎架标准节的安装质量，需要对已完成施工的底部转换平台与预埋件焊接质量、标高及中心点位置进行认真的核查、验收。通过实测实量，检查是否满足规范标准要求，以保证安装精度。

2.2.4 胎架稳定性控制措施

工程胎架高度达28m，需要承受风荷载、钢结构自重荷载、施工荷载等，为保证施工安全性，进行了复合胎架设计、靴形加强底座设计、顶部K形节点支撑设计，在胎架整体稳定性方面还需要进一步加强构造措施。

胎架稳定性需要增加工装构造措施，该工装主要通过钢丝绳将胎架与混凝土主体结构进行拉结固定，其工装设计和受力计算，都是钢结构施工的重点。工装措施设计通过受力计算分析，确定施工方法。耳板厚度为10mm，材质为Q235B，预埋于混凝土结构中。由于体育场结构存在看台，为借用看台混凝土结构施工预留的螺栓孔，缆风绳节点设计共分两种，一种为混凝土梁上拉设，耳板与混凝土梁上的埋件焊接，采用穿孔塞焊的方式；一种为看台混凝土结构拉设，看台借用模板螺栓孔进行设计，详情如图2-14～图2-17所示。

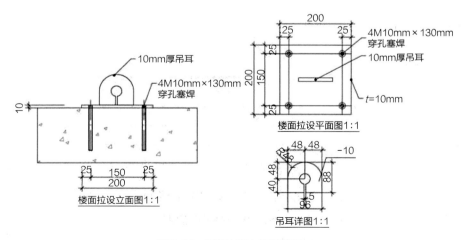

图2-14 混凝土梁上拉设做法

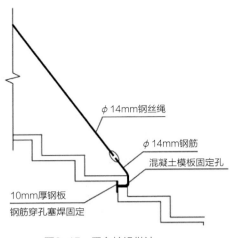

ϕ 14mm钢丝绳

ϕ 14mm钢筋

混凝土模板固定孔

10mm厚钢板

钢筋穿孔塞焊固定

图2-15 看台拉设做法

图2-16 看台拉设实例

图2-17 缆风绳拉设三维图

根据该工程实践，采用以上临时稳定性控制措施，即一个胎架，需要采用4道共四个方向ϕ14mm的钢丝绳固定，保证了大角度倾斜钢结构柱安装的稳定性，简单实用、稳定性好、施工快捷。

2.2.5 倾斜柱群与平面环梁安装测量技术

工程钢结构存在较多铰接倾斜柱及环形梁，外幕墙柱及内环柱均为倾斜状态，倾斜角度各不相同，其上下均为关节轴承连接，轴承安装精度的要求较高，而且钢结构的安装位形对索桁架成型状态的索力与位形影响较大，钢结构安装完成后的零状态，须给后序索结构提供精准位形状态。在钢结构施工过程中，进行的一系列测量作为施工主要依据，是钢结构施工的关键工作之一。通过高精度的测量和校正使得钢构件安装到设计位置上，并保证卸载完成后的零状态与仿真模拟位形接近，满足设计精度的要求，因此测量控制是保证钢结构安装质量的关键工序。

2.2.5.1　平面控制点布设

工程钢结构跨度较大，内外环结构跨度达39m，为便于整体钢结构全方位精确测量，需在体育场场内外均设置测量主控点，来进行钢构件空间坐标放样和整体钢结构测量点位的复核。

选择布置在外围的10个点及内部的4个点作为主控点。在这些点上架设仪器，采用导线测设的方法观测边长和水平角，经平差计算，得到主控制点的精确坐标，测量采取往返观测，角度测量测回测定，在方格网的基线上，再按轴线间距对各轴线进行复测。控制点的标识，采用油漆刻画十字线的方式进行标识。

布置点选在距离钢结构外环梁向外20m，相邻两点间距100m，南侧平直段两布置点相距190m，保证测量视野良好、无障碍物，保证精度要求。一级主控点布置图如图2-18所示。

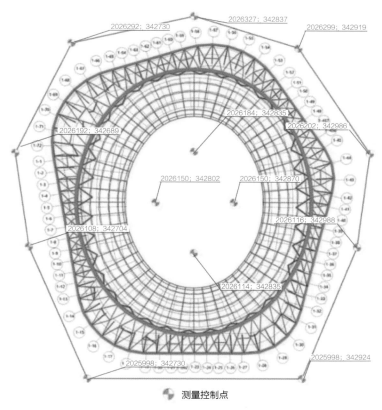

图2-18　一级主控点布置图

2.2.5.2　安装精度测量控制

（1）工程钢结构构件空间就位复杂，安装时需在地面进行拼装，为保证安装测量定位的准确性，对钢结构构件端口处打样冲眼，冲眼编制两套坐标定位，一套为高空安装控制点绝对坐标——世界坐标，一套为地面拼装控制点相对坐标——局部坐标。

1）高空安装控制点

箱形截面端口控制点分布如图2-19所示，圆管截面端口控制点分布如图2-20所示。内环分段构件高空定位如图2-21所示。

2）地面拼装控制点

内环梁分段地面拼装定位如图2-22所示。

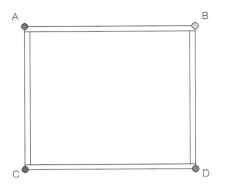

图2-19 箱形截面端口控制点分布

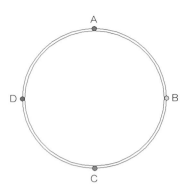

图2-20 圆管截面端口控制点分布

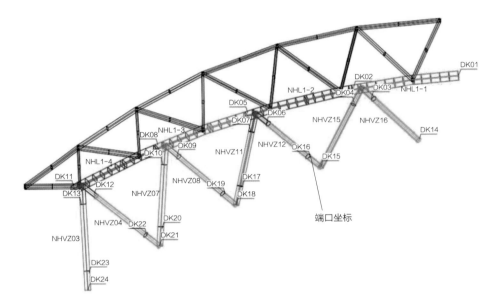

图2-21 内环分段构件高空定位

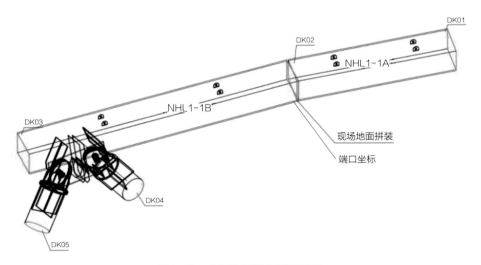

图2-22 内环梁分段地面拼装定位

通过利用反光片+定位轴线（图2-23、图2-24），按照测量构件内部关键点+构件外部多轴线点垂直度控制，实现该技术。

在构件地面拼装或从工厂成品运输到现场时，仔细核查构件尺寸并记录修正，然后提前在构件关键控制点（坐标位置）上准确安装反光片，确保全站仪能控制其关键点。

（2）工程钢结构整体测量控制网采用一级导线的精度要求施测，准确计算出导线成果，进行精度分析和控制点点位误差。

Ⅰ级控制点的设置按规范要求做好测量标石标识（图2-25），在选择好的点位上埋设。为了预防标石的沉降，在标石的下部先浇灌混凝土，周围做好通向控制网点的道路和防护栏杆，并做好标识。为保证测量精度，在标石埋设后一周内不得进行观测。

由于三亚市体育中心体育场混凝土结构标高落差较大，采用全站仪配合跟踪杆的高程测量方法。这种方法既结合了水准测量的任一置站的特点，又减少了三角高程的误差来源，同时每次测量时还不必量取仪器高、棱镜高，使三角高程测量精度进一步提高，施测速度更快。现场测量示意图如图2-26所示，全站仪配合跟踪杆现场测量如图2-27所示。

图2-23　构件反光片设置位置

图2-24　反光片设置实例

图2-25　现场标石

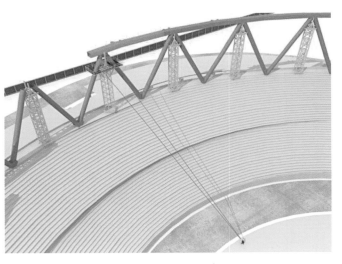

图2-26　现场测量示意

图2-27 全站仪配合跟踪杆现场测量

经现场实测，倾斜柱群最后精度控制符合设计和规范标准要求。

（3）针对大角度倾斜钢结构胎架安装关键技术，通过研究并对比分析，总结提出了复合胎架设计施工、胎架标准节施工、靴形加强底座安装等关键技术，完成大角度倾斜钢结构胎架安装。钢结构胎架拼装后，经现场实测实量，胎架拼装后，垂直度最大偏差+5mm，平面弯曲最大偏差+8mm，接口错边2mm，为三亚市体育中心体育场复杂钢结构的安装提供了精准的施工平台，钢结构位形满足设计规范要求。

2.3 倾斜铰接柱与平面环梁倒置安装技术

针对该工程倾斜铰接柱与平面环梁安装施工，结合工程特点，体育场部分钢结构柱为倾斜状态，倾斜角度最大达45°，柱群分别与上部平面环梁及下部型钢混凝土柱轴承铰接。如按照传统安装顺序，先吊装倾斜柱、再吊装环梁，将造成支撑胎架水平推力过大，对胎架承载力、抗倾覆能力和固定要求较高；同时还存在对带有轴承铰支座的倾斜钢柱高空中安装精度控制难的问题，造成吊装难度高，材料机械成本较高，安全风险高的问题。为减少对胎架的水平推力影响，同时保证安装时的定位准确及加强构件的稳定性，提出了倾斜铰接柱与平面环梁倒置安装技术。

如采用空中安装轴承铰接节点的施工方法，则安装精度不易把控，不利于倾斜铰接柱的角度精确控制，尽量避免空中安装钢结构轴承铰接支座。因此，采用环梁倒置安装施工技术，把含有铰接节点的倾斜铰接柱分成柱身、柱头和柱脚，将环梁和柱头铰节点在地面拼装完成后形成安装单元，再进行整体吊装，形成环梁体系，最后将柱身塞入并焊接成型。

轴承铰接支座与环梁在地面拼装完成后整体吊装，有利于结构空间安装的精度控制，并且使吊装关键工序能够连续不间断，节约工期；"先梁后柱"的工艺使支撑胎架先承受竖向荷载，增强了胎架的抗倾覆能力，与传统工艺相比优化了胎架的尺寸，减少了材料用量，同时提高了支撑胎架的稳定性和安全性。

2.3.1 平面环梁与倾斜柱节点地面拼装

针对工程平面环梁与倾斜柱铰接连接，若将截面尺寸P1200mm×20mm的倾斜柱与截面尺寸B1300mm×1500mm×（45~60mm）平面环梁在空中进行铰接连接，空中操作难度极大，并且影响支撑胎架的布置，增加胎架用量。为保证柱倾斜角度准确及上部柱头铰支座形态，结合现场施工，提出平面环梁与倾斜柱节点地面拼装技术。

通过建模合理布置铰接节点工装，并将柱头铰支座与平面环梁在地面拼装胎架上先行连接成整体，再进行整体吊装，确保了柱头的倾斜角度准确及上部柱头铰支座的形态，与传统高空安装铰接节点的工艺比较，地面拼装质量可控，整体吊装定位准确。

地面拼装工艺如下：

第一步：地面拼装胎架搭设完成并复测合格，采用履带起重机将平面环梁中段部分按照定位点吊装就位。

第二步：平面环梁端头部分按照定位点吊装就位，采用工装耳板将平面环梁中段与端头部分临时焊接固定。

第三步：采用履带起重机吊装倾斜柱柱头，根据定位控制点与平面环梁中耳板精准对接，安装梁柱节点铰支座销轴及配套高强度螺栓。

第四步：同理安装另一侧柱头，依次安装完成其他柱头后，形成吊装单元。采用全站仪进行全方位测量复核，确保平面环梁、倾斜柱拼装单元与设计位形状态一致，再进行平面环梁对接焊缝的全熔透焊接施工。完成焊接施工后，再次进行整体复测。

第五步：平面环梁与倾斜柱节点为铰接固定，需增加临时固定杆件确保平面环梁与倾斜柱节点位形不发生改变。

第六步：采用滑轮组和手拉葫芦配合调整吊装单元姿态，确保安全后进行吊装作业。

地面拼装过程如图2-28~图2-35所示。

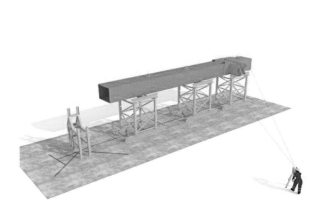

图2-28 地面拼装

图2-29 地面拼装实例

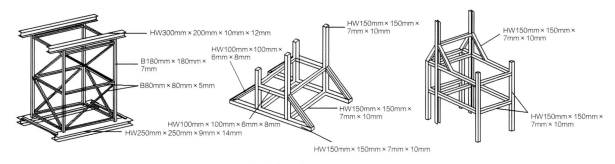

图2-30 拼装胎架轴测图

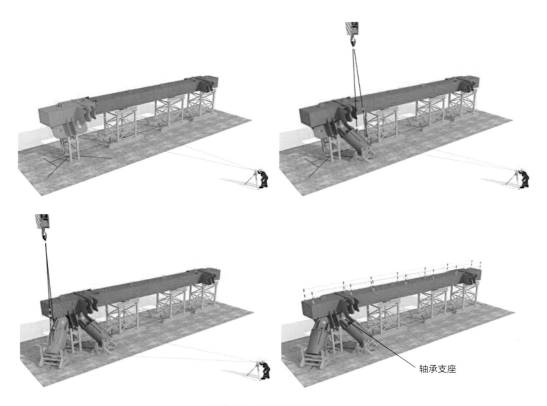

图2-31 地面拼装模拟

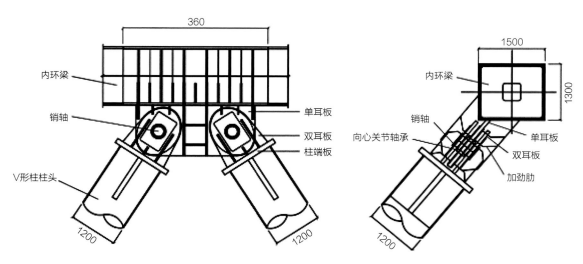

图2-32 拼装单元倾斜柱柱头节点

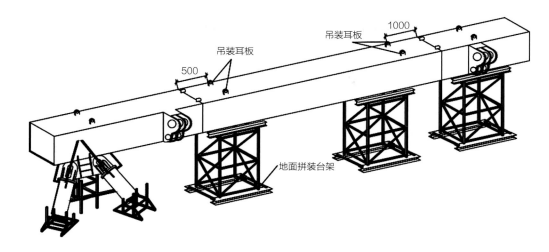

图2-33　地面拼装

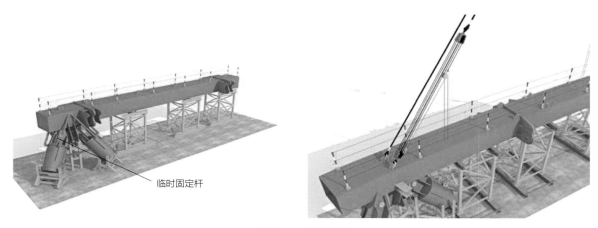

图2-34　吊装模拟

图2-35　现场吊装实例

2.3.2 倾斜柱与平面环梁倒置嵌入式施工

倾斜柱与平面环梁倒置安装技术，即先吊装平面环梁、再吊装倾斜柱。通过将倾斜柱和平面环梁合理分段后（图2-36），先利用平面环梁与倾斜柱节点拼装技术将柱头铰支座与平面环梁在地面拼装胎架上先行连接成整体，再进行整体吊装及安装于支撑胎架上。柱脚铰支座在地面拼装成整体后安装于柱脚连接板，通过柱脚胎架保证柱倾斜角度并进行固定。最终将倾斜柱柱身部位后塞于柱头与柱脚之间，并与柱头、柱脚进行全熔透焊接。

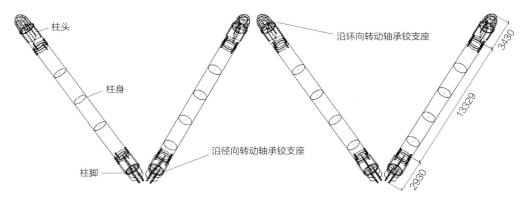

图2-36 倾斜柱和平面环梁分段

（1）倒置式安装工艺

第一步：放柱脚控制线，搭设柱脚胎架，安装倾斜柱柱脚。

第二步：安装完成后，复测倾斜柱角度，复测合格后，柱脚中耳板与预埋板焊接连接，再焊接柱脚肋板、封板。完成柱脚安装。

第三步：定位并搭设复合胎架，用于支撑平面环梁与倾斜柱柱头铰接节点，胎架搭设完成后需验收合格。

第四步：采用履带起重机将地面拼装的平面环梁与倾斜柱节点组成的吊装单元整体吊装于支撑胎架上，复测完成后与环梁焊接连接成整体。

第五步：采用履带起重机吊装倾斜柱柱身，与倾斜柱柱脚、柱头精准拼装对接，并进行焊接连接，验收合格后拆除临时工装构件。倒置式安装工艺流程如图2-37～图2-40所示。

（2）合理化分段

为满足梁柱倒置式安装施工技术要求，把含有铰接节点的倾斜柱分成柱身和柱头，再考虑吊装重量、运输及机械等因素，将环梁进行合理分段。构件分段的合理性，直接影响工程整体安全、质量和进度，是钢结构的关键技术。在设计初期，根据设计图纸合理深化设计分段，综合考虑安全性、经济性、工期情况下，确定以下分段原则：

为便于运输和现场拼装，将柱分为3段，柱下段端板及外耳板为一段（柱脚），柱上段端板及外耳板为一段（柱头），柱上段与柱下段间为一段（柱身）。按该分段方案，柱最大分段重12.07t，最长分段长度为13.11m。

内环梁按两个柱上段位置为节点，节点区分为一段、两个节点区之间分两段，分段原则为错开节点区且不影响运输。按该分段方案，内环梁最大分段重31.5t，最大分段长度为11.77m。梁柱单元分段

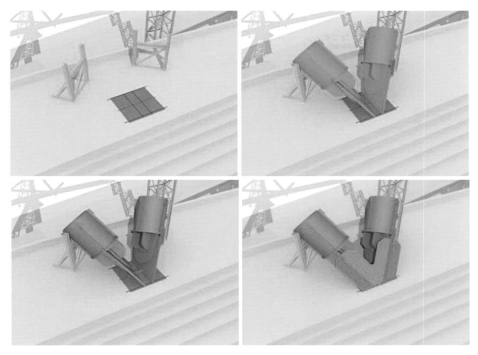

图2-37 安装模拟

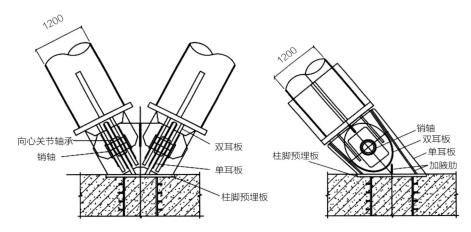

图2-38 倾斜柱柱脚节点

图2-39 吊装环梁模拟

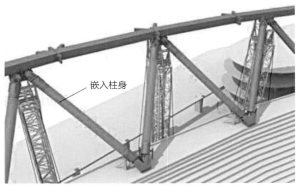

图2-40 后嵌入柱施工模拟

如图2-41～图2-43所示。

针对工程特点综合对比，该分段原则最为科学、合理。不仅可以较好地实现倾斜铰接柱与平面环梁倒置安装，而且分段数量少，分段后构件尺寸便于运输，能够保证拼装质量、吊装安全、成本节约。梁柱吊装单元倒置式安装实例如图2-44所示。

"先梁后柱"的工艺使支撑胎架先承受竖向荷载，增强了胎架的抗倾覆能力，与传统工艺相比优化了胎架的尺寸及用量，同时提高了支撑胎架的稳定性和安全性。"一种钢柱倒置嵌入式吊装施工组件"施工技术成功申请了国家专利。经过实践检验，该技术对类似工程施工具有一定的借鉴作用，有利于钢结构倾斜柱群的精准安装。

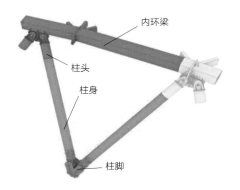

图2-41 梁柱单元分段三维图

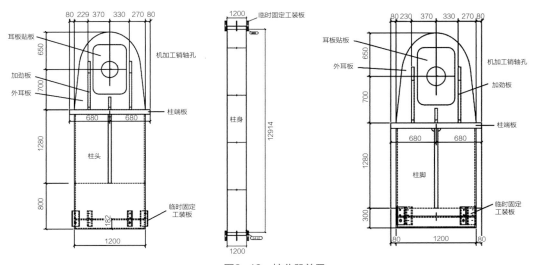

图2-42 柱分段单元

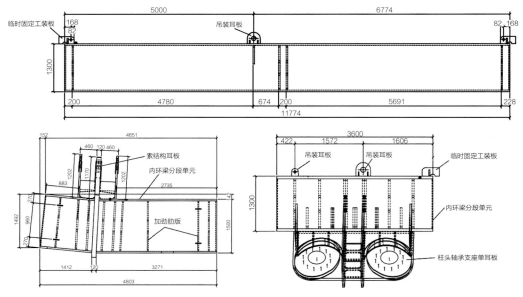

图2-43 梁分段单元

图2-44　梁柱吊装单元倒置式安装实例

2.4 双向轴承铰接支座安装技术

体育场外幕墙柱及内环形柱均为倾斜状态，且柱脚埋板和环梁的连接为向心关节轴承双向连接，其对安装精度的要求较高，而且钢结构的安装位形对索桁架成型状态的索力与位形影响较大，因此需对钢结构的安装精度进行严格控制。

2.4.1 耳板槽焊后一体化镗孔技术

为了节省材料和减少现场焊接量，轴承耳板设计采用耳板与贴板组合的形式（图2-45）。由于关节轴承规格较大，作为关节轴承的复合耳板所采用的贴板尺寸规格也比较大。如果贴板与耳板只在外圈采用圆周角焊缝，其贴紧度无法保证。采用槽焊的方式，在贴板上采取圆周方向不同位置对称均布开槽再与耳板焊接的方式以保证两块板的贴紧度，同时也有效避免焊接变形。焊接前采用C形夹具固定减少焊接变形，圆周角焊缝及槽焊缝焊接完成后，销轴耳板与贴板成型件整体镗孔，镗孔精度根据深化图纸确定。镗孔后转热镀锌处理，达到设计的防腐性能要求。

关节轴承孔机加工精度：直径允许偏差+0.062～+0.151mm，表面粗糙度：3.2μm。贴板、耳板的局部平面度要求：在1000mm范围内，允许偏差不超过1.0mm。

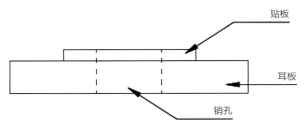

图2-45　耳板与贴板一体化

（1）贴板变形的控制措施

由于贴板比较大，为了防止贴板焊接后变形，引起贴板鼓包，采用在贴板上开设槽焊孔的方式进行刚性拘束，以此控制贴板的平面度。根据钢结构焊接规范要求，槽焊孔的宽度为$t+8$mm，长度$3t$，t为贴板厚度。柱脚、柱顶80mm厚中耳板贴板焊接做法如图2-46、图2-47所示。

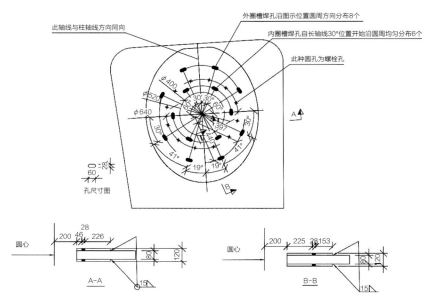

图2-46　柱脚80mm厚中耳板贴板焊接做法

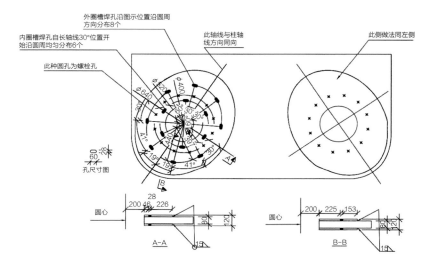

图2-47　柱顶80mm厚中耳板贴板焊接做法

（2）防止焊接变形控制措施

拼装时利用C形夹具（图2-48）将贴板和耳板进行紧固，防止因焊接产生的变形导致贴合度不紧的问题，待板件焊接完成且冷却后再将夹紧装置拆除。

（3）焊接工艺控制

当采用夹具固定好之后，对贴板进行焊接。焊接方式如下：

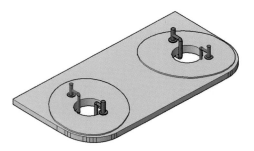

图2-48　C形夹具示意图

如图2-49所示，首先对外环槽焊孔进行打底焊接，然后对内环槽焊孔进行打底焊接，最后对外圈角焊缝进行打底焊接，并按照相同方式对背面焊缝进行打底焊接。打底焊接完成后，再对外环槽焊孔进行填充焊接，然后对内环槽焊孔进行填充焊接，最后对外圈角焊缝进行填充焊接，并按照相同方式对背面焊缝进行填充焊接。

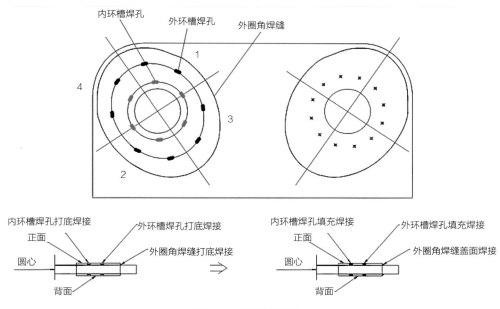

图2-49 贴板焊接做法

外围的单面角焊缝进行分区域围焊，对不规则的贴板根据其长短轴大致划分为4块区域，进行分段施焊，施焊顺序为1→2→3→4，焊脚高度$H_f = 0.75t$，采用小电流小电压，多层多道焊进行施焊，并保证每处贴板的焊缝均按照顺时针方向进行焊接，避免因焊接顺序不一致导致的焊缝应力集中和变形。焊接完成后，槽焊孔打磨平整。

将耳板与贴板槽焊焊接完成后，采用一体化镗孔加工方法，进行开孔，保证了开孔的同轴度、尺寸的吻合。用销轴将中耳板、外耳板、轴承内外圈组合安装，形成轴承铰支座。

2.4.2 复合耳板拼装精度分析及控制

2.4.2.1 外耳板拼装精度控制

为了保证拼装精度，拼装时采取反变形控制技术使组焊完成后外耳板平行度能符合设计要求。分别将两个外耳板与端板进行组装，外耳板宽度方向预设反变形量2mm（图2-50），以控制后续焊接收缩导致的尺寸变形。为了保证同轴度，采用水准仪测量两个销轴耳板十字定位基准线。拼装后采用角尺沿孔壁进行360°检测，保证两个销轴耳板之间的同轴度。

焊接前，利用预先制作的检验销轴试穿检验两销轴孔的同轴度（图2-51），当销轴能顺利穿入和穿出销

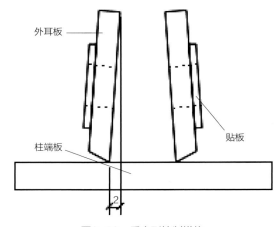

图2-50 反变形控制措施

轴孔后，再下胎架进行销轴耳板与端板的焊接。

因为有加劲板，其拼板结构采取合理的焊接顺序能够有效控制焊接变形，保证拼装精度。拼装前，先焊接加劲板与外耳板的焊缝，如图2-52中焊缝①和焊缝②，焊接完成后形成刚性支撑，对外耳板进行固定，控制焊接变形。然后焊接外耳板和端板的焊缝③，此处采用多层多道焊，平焊位置进行焊接。

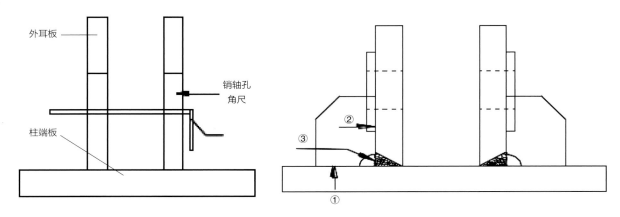

图2-51　检验销轴试穿检验两销轴孔的同轴度　　　　　　图2-52　焊接顺序控制

由于耳板的厚度较厚，在施焊前外耳板与端板焊接部位需要适当预热，预热温度在120~150℃，预热的加热区域应在焊接坡口两侧，宽度为100mm；采用火焰加热，预热时在焊件的反面用红外线测温笔测量，正面测温在火焰离开后进行。焊接时采用小电流小电压焊接，控制焊接热输入量，减小外耳板的焊接变形和焊接应力。焊接过程中采用红外线测温笔测量层间温度，保证最低层间温度不低于预热温度，最大道间温度不超过250℃。焊接过程应连续施焊，减少焊接中断次数，遇到中断施焊的情况时，采取适当的缓冷、保温措施。焊接过程中加强道间飞溅残渣的清理，保证焊缝成型美观、飞溅小，无咬边、夹渣等缺陷。在焊接完成后立即用石棉进行保温做缓冷处理。此处焊缝等级为一级焊缝，焊后24h后进行100% UT探伤。

焊接完成后将外耳板与端板组合件进行销轴孔的机加工，采用精加工镗孔确保外耳板两个销轴孔的同轴度。最后检测双侧外耳板的平行度、销轴孔距底板的中心高L_1、销轴孔中心与耳板的垂直度是否满足要求。外耳板需控制的关键尺寸如图2-53所示。偏差控制范围要求如表2-2所示，准确控制外耳板的空间精度。

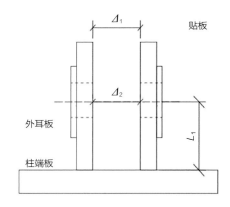

图2-53　外耳板需控制的关键尺寸

外耳板关键尺寸偏差控制范围　　　　　　　　　　　　　　表2-2

部位	尺寸偏差控制
销轴耳板孔中心高度 L_1	±0.5mm
两销轴耳板平行度偏差 Δ_1、Δ_2	+1mm
销轴耳板垂直度	1/2000

双侧耳板同轴度通过销轴试穿进行检验。当构件焊接完成后，对销轴之间的距离进行检测，之后采用同规格的销轴对销轴孔进行试穿，以检验板件焊接后是否满足质量控制要求。必须确认销轴能够自由顺利地穿过，以便于现场安装施工。

2.4.2.2 耳板与端板组装精度分析

（1）对外耳板垂直度偏差1/2000的组装状态分析

根据轴承装配精度要求，确认外耳板销轴孔精度为（281±0.3）mm（上限281.3mm，下限280.7mm），销轴外壁精度为280mm（-0.1mm，-0.6mm）（上限279.9mm，下限279.4mm）。外耳板销轴孔加工精度如图2-54所示，配套销轴外壁尺寸如图2-55所示。

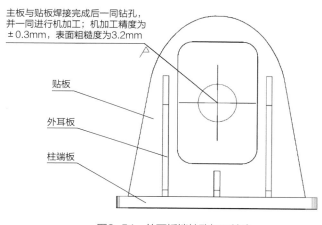

图2-54 外耳板销轴孔加工精度

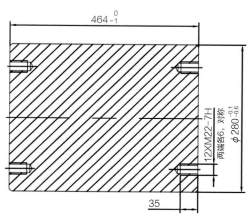

图2-55 配套销轴外壁尺寸

情况一：当销轴孔极限负偏差状态（280.7mm），销轴极限正偏差（279.9mm）情况下，两者理论间隙0.8mm，考虑斜度偏差，实际销轴孔与销轴外壁的间隙为0.8-0.04×2=0.72mm。由于销轴和耳板需要镀锌，理论镀锌层厚度80μm，实际锌层影响厚度为0.32mm（0.08mm×4）。因此在此种极限状态下，实际销轴孔与销轴外壁的间隙为0.72-0.32=0.4mm，故销轴耳板垂直度偏差1/2000可满足销轴穿过要求，其放样示意如图2-56所示。

情况二：当销轴孔极限正偏差状态（281.3mm），销轴极限负偏差（279.4mm）情况下，两者理论间隙1.9mm，考

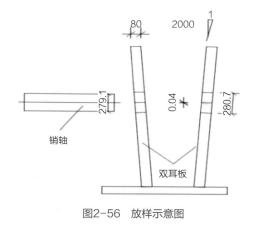

图2-56 放样示意图

虑斜度偏差，实际销轴孔与销轴外壁的间隙为1.9-0.04×2=1.82mm。由于销轴和耳板需要镀锌，理论镀锌层厚度80μm，实际锌层影响厚度为0.32mm（0.08mm×4）。因此在此种极限状态下，实际销轴孔与销轴外壁的间隙为1.82-0.32=1.5mm，故销轴耳板垂直度偏差1/2000可满足销轴穿过要求。

为了保证现场销轴的顺利安装，在对销轴孔和销轴进行制作时按照情况二的极限偏差要求执行。

（2）对销轴孔中心高度偏差L_1±0.5mm的组装状态分析

为保证双销轴板件同轴度，在工厂拼装时采用销轴对外耳板进行固定（铣制销轴尺寸精度280.5mm），并在焊接完成后进行销轴试穿及转动试验，以确保外耳板销轴孔与销轴同轴。表2-2中销轴耳板孔中心高度L_1尺寸控制精度±0.5mm仅表示外耳板焊接完成后销轴孔与端板的距离尺寸控制，即同高同低原则。

（3）对两销轴耳板平行度偏差+1mm的状态分析

如图2-57所示，在销轴耳板的焊接过程中，预先焊接加劲板与端板的焊缝①，再焊接加劲板与销

轴耳板的焊缝②，可形成刚性支撑，避免后续外耳板的焊接变形。两销轴耳板平行度偏差控制为+1mm，是为保证关节轴承与耳板间隙的冗余度，以确保现场安装过程中单耳板及关节轴承顺利安装。

（4）复合耳板拼装精度检测

1）构件焊接及机加工完毕后，采用游标卡尺对销轴孔直径尺寸进行检测，如图2-58所示，分别测量贴板和单耳板的直径，偏差控制在0.03mm以内。

采用角尺和游标卡尺对同轴度进行检测，偏差控制在0.03mm以内，销轴孔同轴度测量如图2-59所示，并采用与关节轴承同直径的销轴进行试穿，以确保板件焊接完成后轴承能够顺利装入且与耳板、贴板贴合良好，运转顺畅。

2）耳板与贴板的间隙检测应在贴板与耳板在焊接完成后进行，应保证贴合紧密无缝隙（图2-60）。焊接前尺寸t_1和焊接后尺寸t_2差值小于0.05mm。

3）耳板平面度的精度检测焊接和机加工完成后，采用水准仪对耳板的平面度进行检测（图2-61），贴板、耳板的局部平面度要求：在1000mm范围内，允许偏差不超过1.0mm。

4）关节轴承孔机加工精度要求。

柱复合中耳板：直径允许偏差+0.062~+0.151mm，表面粗糙度：3.2μm。中部支柱复合中耳板：直径允许偏差+0.056~+0.137mm，表面粗糙度：3.2μm。

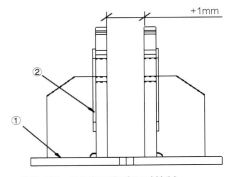

图2-57 外耳板平行度尺寸控制

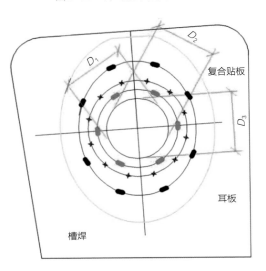

图2-58 销轴孔直径检测示意图

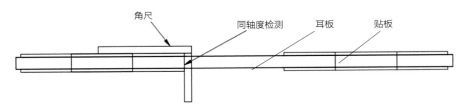

图2-59 销轴孔同轴度测量示意图

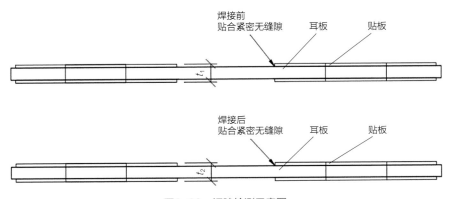

图2-60 间隙检测示意图

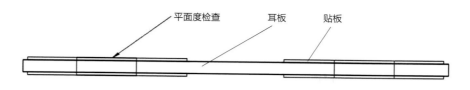

图2-61　平面度检测示意图

2.4.3　销轴安装精度控制

轴承铰接支座的单耳板是与支座埋板及环梁焊接，外耳板与钢柱焊接，并通过销轴将单耳板、外耳板、轴承连接成轴承铰接支座，从而完成倾斜柱群与基础及平面环梁的整体连接。

在轴承铰接支座的单耳板和外耳板槽焊镗孔完成后，需要将带有不锈钢轴承的单耳板与带外耳板的柱头进行销轴连接。因销轴孔的镗孔精度非常高，如何保证在不损伤销轴和耳板孔边缘的前提下，快捷、高精度地完成轴承铰接支座安装是控制难点。销轴安装工装措施如图2-62所示。安装步骤如下：

第一步：中耳板和外耳板进行吊装初步对孔。

第二步：组合工装的反力架进行点焊，保证反力架底板与顶推方向垂直。

第三步：调节轨道内弧形钢板至合适位置后，采用另一根临时顶推圆管顶推空心同轴措施钢管（图2-63），顶推出同轴措施钢管约3cm。

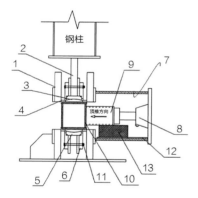

图2-62　销轴安装工装措施

1—外耳板；2—中耳板；3—轴承内圈；4—轴承定位套；5—轴承外圈；6—轴承压盖；7—反力架；8—千斤顶；9—顶推圆管；10—同轴措施钢管；11—螺栓；12—轨道；13—T形钢板

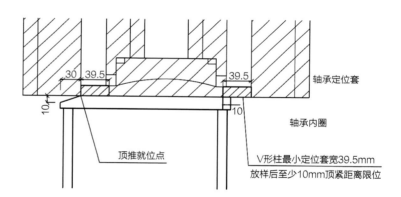

图2-63　顶推同轴措施钢管

第四步：卸下顶推圆管，更换、调节轨道内弧形钢板至合适位置后，放置实体销轴进行顶推（图2-64），将同轴措施钢管推出，通过轴销盖板和高强度螺栓与外耳板固定，至此，轴销安装完毕（图2-65）。

运用此销轴安装精度控制技术，提高了轴承整体组拼安装的精度，该工艺成果总结申请了专利技术。主要采用顶推圆管推动同轴措施钢管，同轴措施钢管前端为斜面，便于同轴措施钢管顺利顶进，后续通过带反力装置的千斤顶带动轴销将同轴措施钢管顶出，实现轴销精准就位，解决高精度轴销与精密轴承配套安装困难的问题，此方法适用于大直径轴销安装。安装时，顶推圆管和同轴措施钢管均可重复使用，任何角度均可安装，对安装工具要求不高，安装工效高，省时省力，保证了高精密节点的质量要求，是有很好的推广和实用价值，广泛地推广应用后会产生良好的经济效益。

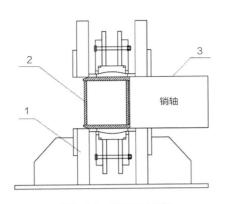

图2-64 顶推实体销轴
1—外耳板；2—同轴措施钢管；3—轴销

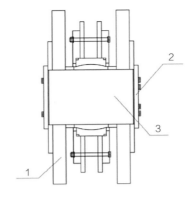

图2-65 销轴安装完毕
1—外耳板；2—轴销盖板；3—轴销

2.5 倾斜钢结构卸载技术

钢结构卸载是结构卸去支撑力、实现结构正常受力的过程。对于受力复杂的大角度倾斜铰接柱群及平面环桁架结构，当结构安装完成后，临时支撑结构体系的卸载将在结构中引起较大的内力重分布，对结构最终的成型状态有较大的影响。因此需要制定合理的卸载方案，采取科学的工程监测方法，保证实际施工和仿真计算分析接近，确保结构卸载过程中的安全。

本工程钢结构长304m，宽268m，属于大跨空间结构，该类钢结构的卸载主要涉及两方面的问题：一方面是主体结构在卸载前、卸载过程中以及卸载完成后的结构安全性，卸载过程中结构的变形是否协调以及局部变形是否过大、结构的内力重分布是否满足设计要求等；另一方面是临时支撑体系在卸载过程中结构的安全性。

三亚市体育中心体育场钢结构采用的是大角度倾斜铰接柱群及平面环桁架结构，倾斜柱群卸载后会产生较大的水平推力。因此，确定合理的卸载顺序对保证结构安全及满足设计位形的要求至关重要。

2.5.1 卸载方案确定与实施

为能够更好地实现钢结构、支撑胎架在卸载过程中及卸载后不出现过大变形、强度及失稳破坏等，建模进行不同卸载方式模拟。为准确反应胎架受力情况，将胎架进行精确建模（图2-66），并采用逐级切割顶部支撑立柱方案模拟逐步卸载过程。通过对不同卸载方案比选，选定卸载方案，减少内力重分布造成的结构影响，使整体结构应力变化平稳，保证了钢结构的最终成型状态。胎架支撑实例及支撑胎架节点分别如图2-67、图2-68所示。

2.5.1.1 卸载方案比选

按照钢结构和支撑胎架在卸载过程中受力最优原则选取最优卸载方案。根据本工程的结构特点以及临时支撑结构体系的布置，东西区斜柱与地面倾斜角度较大，南北区斜柱与地面垂直，将内外环临

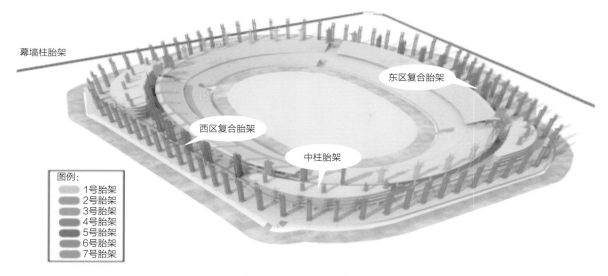

图2-66 胎架布置模拟

图例：
- 1号胎架
- 2号胎架
- 3号胎架
- 4号胎架
- 5号胎架
- 6号胎架
- 7号胎架

（图中标注：幕墙柱胎架、东区复合胎架、西区复合胎架、中柱胎架）

图2-67 胎架支撑实例

图2-68 支撑胎架节点

时支撑体系分成两个区域，每个区域分为四个组，进而提出四种卸载方案进行对比优选，并针对四种临时支撑体系卸载方案，进行卸载模拟分析。

方案一（图2-69）：先卸载中柱胎架，然后按照从东西向倾斜度较大柱群到南北向倾斜度较小柱群的顺序卸载内环胎架，最后再同顺序卸载外环胎架。通过受力分析，此卸载方案会引起内环胎架的竖向反力变化较小，但其外环胎架的竖向反力变化较大。

方案二（图2-70）：先卸载中柱胎架，然后按照从东西向倾斜度较大柱群到南北向倾斜度较大柱群的顺序卸载外环胎架，最后再同顺序卸载内环胎架。通过受力分析，此方案会引起外环胎架的竖向反力变化小，而内环胎架的竖向反力变化相对较大。

方案三（图2-71）：先卸载中柱胎架，然后按照从南北向倾斜度较小柱群到东西向倾斜度较大柱群的顺序卸载内环胎架，最后再按照从南北到东西的顺序卸载外环胎架。通过受力分析，此卸载方案会引起内环胎架的竖向反力变化较小，但其外环胎架的竖向反力变化较大。

方案四（图2-72）：先卸载中柱胎架，然后从长轴方向附近开始逐步卸载南北侧的内外环胎架，最后从短轴方向附近开始逐步卸载东西侧的内外环胎架，内外环胎架同步卸载。通过受力分析，此方案在卸载过程中的反力变化均较小，胎架反力变化较为平稳。

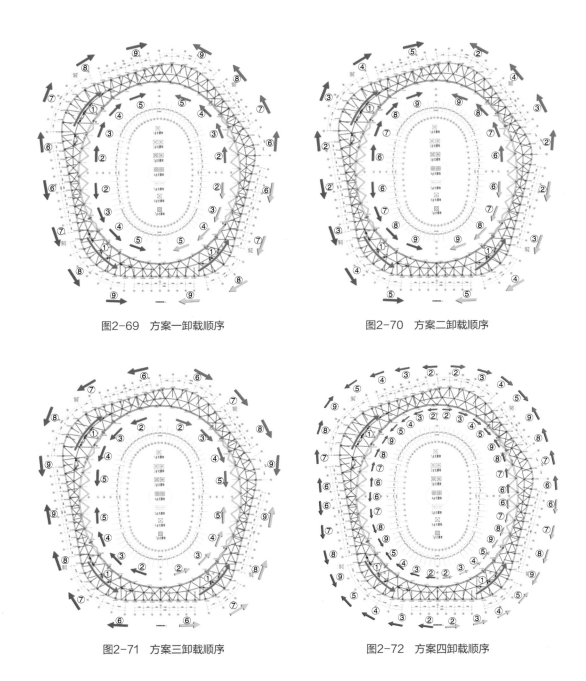

图2-69　方案一卸载顺序　　　　　　　　　图2-70　方案二卸载顺序

图2-71　方案三卸载顺序　　　　　　　　　图2-72　方案四卸载顺序

综上，对以上四种卸载方案的分析，从临时支撑体系支座竖向反力的变化来看，方案四的支座反力变化更为平稳，结构更为安全。因此，选择方案四为最终卸载方案。

2.5.1.2　方案实施

工程钢结构卸载主要采用分区分组逐级火焰切割卸载的方式。按照"先切割次受力支撑，再切割主受力支撑"的原则进行切割卸载。分级切割卸载点位顺序如图2-73所示。

卸载关键步骤：

（1）南北侧卸载时，每个卸载点火焰切割1刀即可完成胎架卸载；东西侧卸载时，每个卸载点需火焰切割2～3刀，方能完成胎架卸载，杜绝一根立杆一次性完全切割卸载。

（2）中柱和幕墙斜柱胎架，在每个支撑胎架卸载点，需要一名刀工进行分步分级切割卸载。V形柱胎架，在每个支撑胎架卸载点，需要2名刀工进行对称分步分级切割卸载。

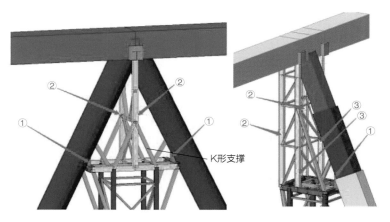

图2-73 分级切割卸载点位顺序

K形支撑

卸载顺序具体流程：

第一步：主体钢结构合拢完成（图2-74）。

第二步：卸载中柱胎架（图2-75）。

第三步：卸载南北区倾斜度较小的胎架，内外环同时顺序卸载（图2-76）。

第四步：卸载东西区倾斜度较大的胎架，内外环同时顺序卸载（图2-77）。

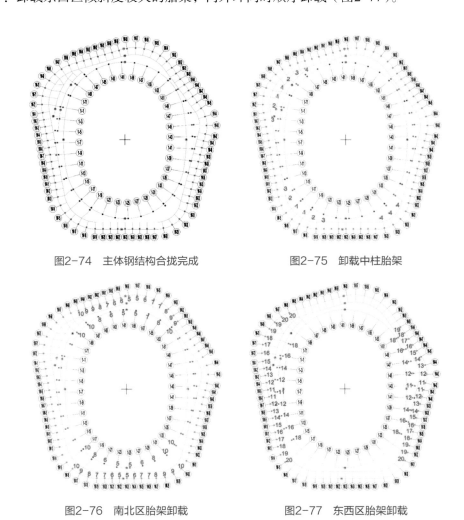

图2-74 主体钢结构合拢完成　　　图2-75 卸载中柱胎架

图2-76 南北区胎架卸载　　　图2-77 东西区胎架卸载

胎架卸载实例如图2-78所示。

图2-78 胎架卸载实例

综合考虑现场临时支撑结构体系的卸载在结构中引起较大的内力重分布，保证结构卸载过程中的安全。依据仿真模拟技术，经过卸载方案模拟比选，现场先卸载中柱胎架，然后从长轴方向开始逐步卸载与地面垂直区域的内外环胎架，最后从短轴方向附近开始逐步卸载大角度倾斜的内外环胎架，内外环胎架同步卸载。卸载完成后对结构外框尺寸进行复测，对关键部位进行位移监测，结构卸载后的初始应力满足设计要求。

2.5.2 钢结构卸载监测

结构监测技术是近年发展起来的能够有效保障结构安全的新技术，尤其是在受力复杂的大跨度空间钢结构工程中，对结构安装、卸载等情况下的应力应变分析，保障工程施工安全等方面，监测技术显得尤为重要。本工程钢结构所有梁柱节点为轴承铰接支座，并且每个柱子均为各种角度的倾斜柱，最大达45°，倾斜柱支撑的平面环桁架合拢完成后，卸载过程中钢结构依靠铰支座整体位形会不规则变化，达到受力自平衡，为索结构张拉提供设计零状态。

为保证卸载过程中结构的各种工作状态满足设计要求，评价其安全状态，并对其在施工期间结构是否受到损伤，以及损伤的程度进行监测，建立一套完整的结构监测系统，进行实时在线监测。通过连续监测、记录并显示结构关键部位的加速度、位移、应变、交变应力以及节点局部应变等数据，实时评价结构物的安全性。

按照"关键点布置、连续性监测"的原则，掌握钢结构卸载过程中的结构受力响应，同时使结构在卸载异常时发出预警信号，采用振弦式监测计，对钢结构关键部位的位变加速度、位移、应力应变以及局部应变等实时监测，根据监测结果评价卸载过程中结构的安全性。对胎架卸载期间进行实时监测，对数据进行控制、配置以及获得系统评估出的健康状态。在卸载过程中及卸载完成后进行结构位移和变形监测，采用全站仪测量未卸载前的各支撑点的坐标，每次卸载后确定卸载点的标高。卸载过程中实施结构应力监测，对卸载进行精确的跟踪控制。

依据仿真模拟所进行的各种钢构件动态受力计算，合理选择应力应变变化大、结构节点重要的典型点位，进行大倾斜铰接柱群复杂钢结构卸载全程监测。

（1）钢柱监测点布置

西区和东区的向外倾斜柱，选取在倾斜角度最大的两个柱，设置4个布设测点；在最北区和南区选取高低跨部位的两个柱，设置4个布测点。每根柱的柱身中部布置1个测点，每个测点对称设置2个应变计。

（2）外环柱监测点布置

在外环柱布设三处应力应变测点（图2-79），其中南区和北区的测点布置在外环柱中部，西区测点布置在外环柱中部，共计6个测点，其中有5个测点在柱中部内外表面各布设1个应力应变计，西区的1个测点布设在柱下部，在四周均布4个应力应变计，共计14个应力应变计。

（3）平面环桁架结构监测点布置

平面环桁架结构的应力应变监测点布置如图2-80所示。其中，★代表内环梁的8个测点，每个测点布置4个应力应变计，共计32个。▲代表外环梁的7个测点，每个测点布置4个应力应变计，共计28个。●代表交叉梁的5个测点，每个测点布置2个应力应变计，共计10个，共布置70个应力应变计。

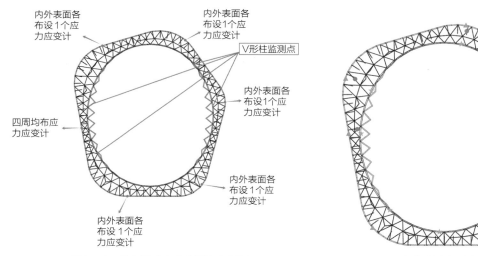

图2-79 外环柱应力应变测点布置图　　　　图2-80 平面环桁架结构的应力应变监测点布置图

结构应力应变监测采用振弦式表面应力应变传感器。内置的温度传感器可同时监测环境温度。采用高性能合金材料作为封装基体，对传感器进行防水处理，以适应复杂环境的结构监测，振弦式表面应力应变传感器主要技术参数如表2-3所示。

振弦式表面应力应变传感器技术参数　　　　　　　　　　表2-3

项目	参数
应变量	±1500με
非线性	1%FS
标距	150mm
分辨率	1με
安装方式	表面安装
温度精度	0.1℃
温度范围	−30～85℃

振弦式表面应力应变计及现场数据如图2-81~图2-83所示。

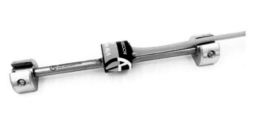

图2-81　振弦式表面应力应变计　　　　　　　　图2-82　振弦式表面应力应变计实例

图2-83　数据现场采集

2.6 仿真模拟施工

2.6.1　仿真模拟内容及条件

钢结构卸载模拟分析模型包括受压内环梁、外环梁、外围屋面环桁架、内环V形柱、外立面幕墙斜柱支撑以及支撑胎架等。

外围钢结构均采用梁单元，铰接采用释放梁端约束的方式实现。构件重量根据材料密度由软件自动计算，根据钢结构深化模型，内环梁的自重系数取为1.75，内环V形柱的自重系数取为1.7，中间小柱的自重系数取为1.15，屋面交叉梁的自重系数取为1.2，外环梁的自重系数取为1.55，外幕墙柱的自重系数取为1.55。支撑胎架单元采用梁单元，重量按照实际重量进行考虑，临时支撑胎架按照实际施工中的具体胎架结构形式进行精细化建模。

分析计算模型按照设计院提供的整体结构零状态位形进行建模，考虑临时支撑体系的卸载过程，并按照实际施工中的具体胎架结构形式进行精细化建模，将其与整体结构模型一同进行卸载模拟分析计算。卸载分析模型如图2-84所示，临时支撑体系模拟如图2-85所示。

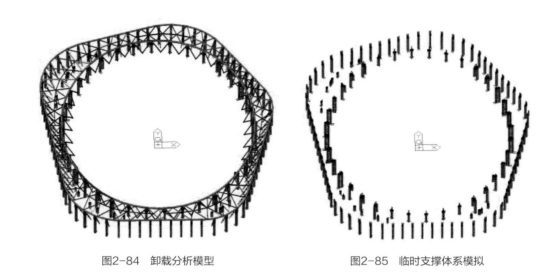

图2-84　卸载分析模型　　　　　　　　　图2-85　临时支撑体系模拟

2.6.2　卸载方案对比分析

（1）卸载过程主体结构成型状态对比

通过采用大型通用有限元软件Midas Gen进行建模计算，不同卸载方案下，主体结构成型状态的受力和变形趋势基本一致，主体结构均未发生较大的变形，主体结构构件的应力均远远小于其设计强度，主体结构处于安全状态。主体结构成型状态对比如表2-4所示。

主体结构成型状态对比　　　　　　　　　　　　　　表2-4

成型状态的结果对比	方案一	方案二	方案三	方案四
主体最大在Z向位移（mm）	-44.4	-44.4	-44.4	-44.4
主体最大在X向位移（mm）	40.5	40.5	40.5	40.5
主体最大在Y向位移（mm）	16.6	16.6	16.6	16.6
内环梁最大Z向位移（mm）	-37.5	-37.5	-37.5	-37.5
内环梁最大Y向位移（mm）	38.6	38.6	38.6	38.6
内环梁最大X向位移（mm）	11.2	11.2	11.2	11.2
外环梁最大Z向位移（mm）	-18.6	-18.6	-18.6	-18.6
外环梁最大Y向位移（mm）	40.5	40.5	40.5	40.5
外环梁最大X向位移（mm）	10.2	10.2	10.2	10.2
整体结构最大等效应力（MPa）	65.4	65.4	65.4	65.4
内环梁最大等效应力（MPa）	52.2	52.2	52.2	52.2
内环V形柱最大等效应力（MPa）	-46.1	-46.1	-46.1	-46.1
外环梁最大等效应力（MPa）	40.7	40.7	40.7	40.7

成型状态的结果对比	方案一	方案二	方案三	方案四
外幕墙柱最大等效应力（MPa）	−24.1	−24.1	−24.1	−24.1
交叉梁最大等效应力（MPa）	65.4	65.4	65.4	65.4
中间小柱最大等效应力（MPa）	44.7	44.7	44.7	44.7

（2）卸载过程主体结构等效应力变化对比

主体结构等效应力变化如图2-86所示。

从主体结构的等效应力变化可知，四种卸载方案下，主体结构的等效应力变化较为平稳，均未出现应力突变的情况，且结构构件的应力均远远低于设计强度，说明卸载过程较为合理，结构的内力重分布较为缓和。

（3）卸载过程主体结构位移变化对比

分别选取内外环梁共8个关键点进行卸载过程主体结构的位移变化分析，关键点位置如图2-87所示。

卸载过程中，大角度倾斜区域关键点主要发生竖向位移和Y向位移，其X向位移较小，而垂直区域关键点主要发生竖向位移和X向位移，其Y向位移相对较小。

对于大角度倾斜区域关键点，其竖向位移和X向位移的大幅度增加均发生在外环胎架卸载后，从卸载前的6.9mm增长至34.6mm，但其位移的增长过程不一致。方案一与方案三主要分为两个明显的增长段，先从6.9mm增长至21mm，经历一段水平段，再增长至34.6mm；方案二仅有一个明显的增长段，直接从6.9mm增长至34.6mm；而方案三，其均匀地分三个阶段从6.9mm增长至34.6mm；方案四的位移变化最为平稳。综合四个方案的位移变化过程，方案二的位移变化最剧烈，方案四最合适。

对于南北区域关键点，其位移变化主要体现

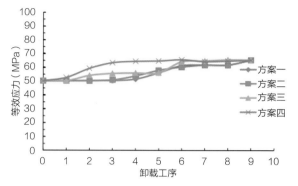

图2-86　主体结构等效应力变化

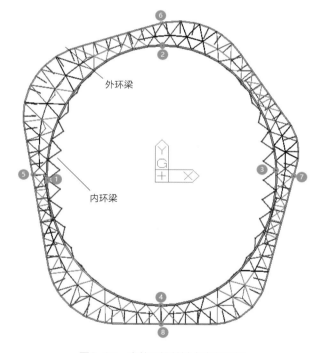

图2-87　内外环梁关键点变化分析

在竖向位移和Y向位移上，综合四个方案的位移变化过程，方案一、二、三均在变化过程中出现较为剧烈的拐点，即出现位移的剧增剧减，对于结构的安全更为不利，而方案四在变化过程中虽然呈先增后减的趋势，但较为缓和，位移变化最为平稳。因此，从主体结构位移变化来看，方案四较合适。

（4）卸载过程主体结构支座竖向反力变化对比

对四种方案各胎架反力分析、主体结构进行卸载过程仿真模拟分析，从卸载过程主体结构支座竖向反力的变化来看，方案一、二、三均出现相当部分关键点支座反力为拉反力的情况，方案一、三为东西向外幕墙柱支座出现拉反力，而方案二为东西向内环V形柱支座出现拉反力。究其原因，方案一、三先卸载内环胎架，内环胎架卸载后主体结构内环东西向具有外扩的趋势，而此时外环胎架仍未卸载，使得外幕墙柱支座出现拉反力；方案二先卸载外环胎架，外环胎架卸载后主体结构外环东西向具有外扩的趋势，而此时内环胎架仍未卸载，使得内环V形柱支座出现拉反力。归结起来，是内外环胎架卸载不同步造成的。而方案四采用内外环同步卸载的方式，仅有少量的主体结构支座关键点出现拉反力，且拉反力相对较小，结构支座反力的变化较为平稳，故主体结构支座处的受力更为安全。因此，从主体结构支座竖向反力的变化来看，方案四的支座反力变化更为平稳。

（5）卸载过程支撑体系支座竖向反力变化对比

综合考虑本工程结构特点以及各卸载工序，选取内环胎架、外环胎架共8个位置来反映支撑体系支座竖向反力的变化。临时支撑体系测点布置图如图2-88所示。

从卸载过程临时支撑体系支座竖向反力的变化可知：对于方案一和方案三，其内环胎架的竖向反力变化较小，但其外环胎架的竖向反力变化较大，尤其是东西向的外环胎架，最大反力变化达400kN，这是因为内环胎架卸载后，东西向主要由外环胎架来承担结构荷载。

对于方案二，其外环胎架的竖向反力变化较小，而内环胎架的竖向反力变化相对略大，最大反力变化近200kN。这是因为外环胎架卸载后，东西向主要由内环胎架来承担结构荷载。

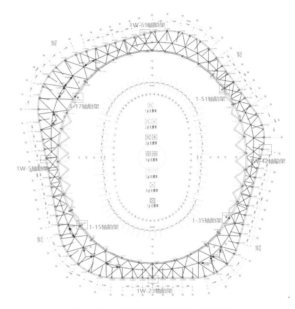

图2-88 临时支撑体系测点布置图

对于方案四，总体来说各胎架在卸载过程中的反力变化均较小，胎架反力变化较为平稳，最大反力变化接近100kN。因此，从临时支撑体系支座竖向反力的变化来看，方案四的支座反力变化更为平稳，结构更为安全。

（6）卸载分析小结

综合对比主体结构成型状态、主体结构等效应力变化、主体结构位移变化、主体结构支座竖向反力变化、临时支撑体系支座竖向反力变化等计算结果，相比于前三种方案，方案四的主体结构位移、主体结构竖向反力、临时支撑体系支座竖向反力等变化更为平稳，且在卸载过程中主体结构应力均远远小于设计强度，临时支撑体系结构的应力均满足规范要求，结构处于安全受力状态。

因此，本工程采用方案四的卸载顺序，即先卸载中柱胎架，然后从长轴方向附近开始逐步卸载南北侧的内外环胎架，最后从短轴方向附近开始逐步卸载东西侧的内外环胎架，内外环胎架同步卸载。

2.7 小结

针对体育场钢结构工程特点，创新应用大角度倾斜柱安装技术、梁柱倒置安装技术、ϕ280mm大直径不锈钢关节轴承节点制造装配技术、倾斜钢结构卸载技术，解决了大角度倾斜双向轴承连接形式的钢结构施工难题。该项技术成果形成发明专利2项，实用新型专利7项，海南省工法1项；"倾斜铰接柱-平面环桁架支撑结构施工关键技术研究与应用"技术成果经鉴定达到国际先进水平。

第 **3** 章

§

大跨度轮辐式索桁架结构施工技术

3.1 索桁架结构概况

体育场索桁架结构采用双层轮辐式索桁架结构，索桁架结构为四段圆弧组成的四心圆，长轴长261.8m，短轴长224m，跨度45m，最高点标高为46m，最低点29m。索桁架结构的拉环和压环轴线的平面投影均为四段圆弧组成的四心圆，将大圆弧等分14份，小圆弧等分12份，连接内、外相应节点，得到索桁架轴线的平面投影。索桁架四心圆组成示意图如图3-1所示。

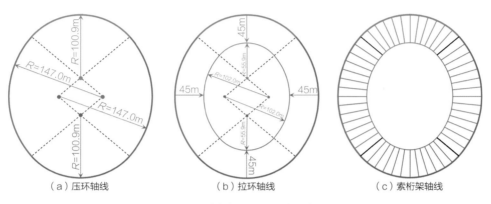

（a）压环轴线 （b）拉环轴线 （c）索桁架轴线

图3-1 索桁架四心圆组成示意图

体育场索桁架结构支撑于外围钢结构内侧的压环梁上，外围钢结构支撑于下部混凝土结构上。索桁架结构体系由两道拉环、一道压环构成，压环位于标高38m的平面内，上拉环位于标高46m的平面内，沿环向布置52榀索桁架，沿径向划分6个网格，尺寸由拉环到压环依次为4m、9m、9m、9m、5m，上下拉环竖向高差约为17m。索桁架典型剖面示意图如图3-2所示。

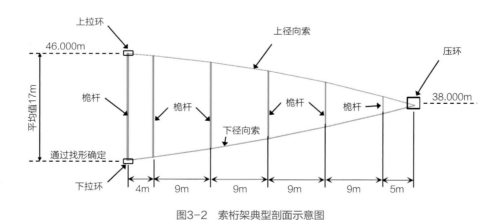

图3-2 索桁架典型剖面示意图

上拉环8×φ80mm高钒密闭索组成，上径向索包括φ75mm、φ85mm两种规格高钒密闭索，下拉环由8×φ110mm高钒密闭索组成，下径向索包括φ105mm、φ120mm两种规格高钒密闭索。高钒密闭索极限抗拉强度1570MPa，弹性模量（1.60±0.05）×10⁵MPa。桅杆（又名撑杆）是轮辐式索桁架结构体系中唯一的刚性杆件，由Q355B钢材制作而成，共有六道，壁厚6～16mm。交叉索为碳纤维平行板材索，由12层2mm（厚）×50mm（宽）碳纤维板组成。碳纤维索的抗拉强度≥2400MPa，弹性模量（1.60±0.05）×10⁵MPa。环向索索夹、径向索索夹均采用G10MnMoV6-3+QT2材质，并按照现行欧洲标准《一般用途铸钢》BS EN 10293要求执行，索夹材料复检取样位置按照现行欧洲标准《铸钢件 交货技术条件 第2部分：铸钢件的附加要求》BS EN 1559-2要求执行。

3.2 大直径高钒密闭索及高性能索夹

3.2.1 高强度抗滑移索夹构造设计

在索桁架结构中，连接索与索、索与钢结构的索夹因为构件之间传力需要，在某一个索的主要方向，往往会承受一定的不平衡力。出于构造需要，这个方向的索体不能在索夹位置断开采用锚具连接，而是通过索槽及盖板将索放入索夹并固定。索夹盖板上的高强度螺栓的预紧力为压力，使索体与索槽间产生摩擦力，通过摩擦力作为不平衡力的抗力，保证索夹不发生滑动破坏。

传统的索槽、索夹盖板连接形式中，摩擦面只有索体和索槽之间的接触面，而索夹盖板的作用仅仅是通过高强度螺栓预紧力，施加给垂直于索体的压力。当不平衡力较大时，就需要较多的高强度螺栓，来提高摩擦力，这种方式造成的主要影响就是会造成索夹尺寸和重量较大，索结构的经济性下降。

该构造主要由索体、索夹、索夹盖板和制动器组成，索夹设置有索槽，索体置于索槽中；索夹盖板扣合在索体上，且通过高强度螺栓对索体施加预紧力，将索体固定到索夹中；制动器在沿索体方向约束索夹盖板的位移，将索夹盖板的力传到索夹上。

通过制动器约束了索夹盖板与索夹之间沿索体方向的相对位移，将索体与索夹之间的摩擦面增加到两个，提高了一倍的摩擦力，即提高了一倍抗滑移能力，可以有效减小索夹尺寸，减轻重量，提高结构经济性。

工程环向索及索夹受力较大，环向索索夹其接径向索的耳板需要将厚度设计得较大才可满足受力要求。环向索索夹其接径向索耳板厚度为140mm，在锚具销轴孔位置设计局部加厚，最厚处达190mm，下环向索索夹三维轴测图如图3-3所示。国内常用的结构铸钢材质为G20Mn5，其屈服强度为300MPa，且常用厚度不超过100mm，无法满足工程需要。

为满足设计要求，设计时参考了现行欧洲标准《一般用途铸钢》BS EN 10293，挑选了厚度在100~200mm，屈服强度与伸长率均不低于G20Mn5的G10MnMoV6-3+QT2材质。根据现行欧洲标准《一般用途铸钢》BS EN 10293，采用G10MnMoV6-3+QT2材质在保证索夹节点强度的同时，能够有效控制节点厚度，减轻索夹重量，整个索桁架结构的自重荷载有较大幅度降低，大大优化了工程索桁架结构体系。

工程索结构采用的环向索索夹、径向索索夹，其材质均为G10MnMoV6-3+QT2铸钢件，冲击功不小于60J。索夹索道内壁粗糙度设计为25μm，索道出入口倒角R=20mm，索道内热喷锌厚度1mm。索夹完成后采用超声波探伤及磁粉探伤，探伤合格后方应用于体育场工程。本工程采用G10MnMoV6-3+QT2铸钢件索夹尚属国内建筑中首次应用，为后续工程应用提供了较好的借鉴价值。

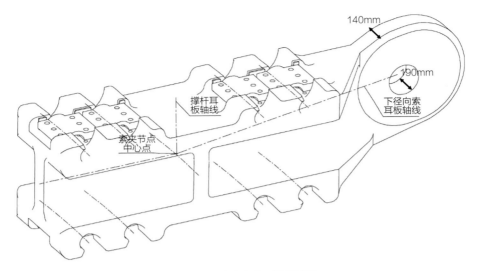

图3-3 下环向索索夹三维轴测图

3.2.2 大直径高钒密闭索

工程轮辐式索桁架结构平面投影并非正圆，因此其预应力和荷载态下索桁架的内力也不均匀。设计研究发现，无论是初始态还是荷载态，索桁架结构中南北端的下径向索受力总是大于东西端向下径向索，下径向索索力较大的索桁架分布区域如图3-4所示。

三亚地处沿海，且台风频繁，索桁架结构所处的环境还具有较高的腐蚀性。因此工程考虑采用高钒密闭索作为索桁架结构的主索。然而，传统规格的高钒密闭索索径较小，设计强度偏低。若在本地区使用，则需采用双索并联方案才能满足设计要求。双索并联后锚具、撑杆、索夹的尺寸都将大大增加，使结构自重增加，索内力也会因此进一步增加。在复杂荷载作用下，双索的协同工作性能也需要进一步考察，增加了设计分析的难度和周期，不利于工程整体推进。

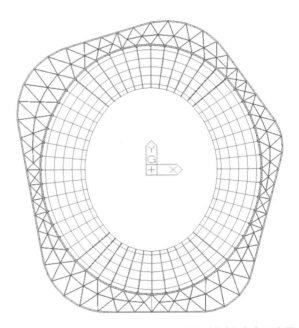

图3-4 下径向索索力较大的索桁架分布区域（红色）示意图

为克服上述困难，工程采用了国产大直径封闭索（最大直径达到ϕ120mm规格），该索的设计强度高，密闭性能好，无需双索并联即可满足设计要求。单索的锚具、撑杆、索夹尺寸都较小，重量较轻，而相对较大的索直径也增加了索夹的抗滑移接触面积，增强了索夹的抗滑移能力。

之前国内体育场馆建设所用的大直径密闭索几乎全部采用国外生产的索绳，经过多方考察和验证，工程最终确定所有拉索全部采用国产高钒密闭索，其中ϕ120mm国产大直径密闭索是在体育场馆中首次应用。

高钒密闭索由内层高强度圆形钢丝和外层高强度Z形钢丝捻制而成，内层圆形钢丝公称抗拉强度为1770MPa，外层Z形钢丝共3层，公称抗拉强度等级为1570MPa。索体的钢丝表面采用Galfan镀层（锌-5%铝-混合稀土合金镀层）。索体下料前进行3次预张拉，取抗拉强度标准值的55%，持续时间不少于1h。索体还需进行超张拉，超张拉荷载取1.25倍索力设计值。索头锚具采用热铸锚技术，灌铸材料为锌铜合金，其中锌含量为98%，铜含量为2%，铸体合金的注入量不少于理论注入量的92%。大直径φ120mm高钒密闭索完成后，整根索体（含索头锚具）进行静载检验，采用的静载破断荷载不小于索体公称破断力的95%，索体在最大力下的延伸率不小于2%即为合格，所有试验检验均合格后方可应用于该工程。高钒密闭索模型如图3-5所示。

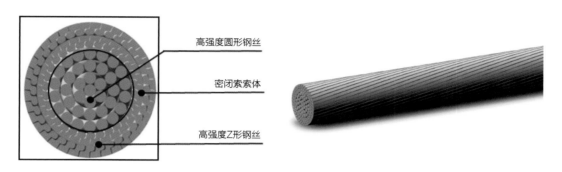

图3-5　高钒密闭索模型

通过索桁架各构件内力分析及位移分析，采用国产大直径密闭索，整个索桁架结构具备较好的刚度，满足设计要求。初始态下结构内力范围如表3-1所示。

初始态下结构内力范围　　　　　　　　　　　　　　　　表3-1

序号	构件位置	内力范围（kN）
1	上径向索	852 ~ 1280
2	下径向索	2280 ~ 3330
3	上环向索	8790 ~ 8840
4	下环向索	22400

3.3 索结构地面拼装技术

3.3.1 单层索系平台布置

（1）环向索平台

工程共设有52榀索桁架，针对索结构特点，设置索夹平台52个、索夹平台间补挡区平台52个和环向索接头平台2个。索夹平台采用成品塔式起重机标准节搭设，索夹平台间补挡平台和环向索接头平台均采用脚手架搭设。

索夹平台采用4个1800mm×1800mm×1400mm（长×宽×高）和2个1500mm×1500mm×1100mm（长×宽×高）塔式起重机标准节搭设完成。索夹平台如图3-6所示。

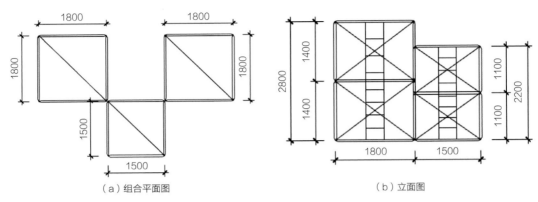

（a）组合平面图　　　　　　　　　　　（b）立面图

图3-6　索夹平台

索夹平台间补挡区平台和环向索接头平台均采用脚手架搭设。补挡平台搭设规格为1200mm×1200mm×1500mm（长×宽×高），主要用于支托索体避免索体与地面接触破坏。环向索接头平台规格为2700mm×1800mm×1500mm（长×宽×高），主要用于环向索对接时支撑环向索接头。补挡区平台和环向索接头平台如图3-7、图3-8所示。

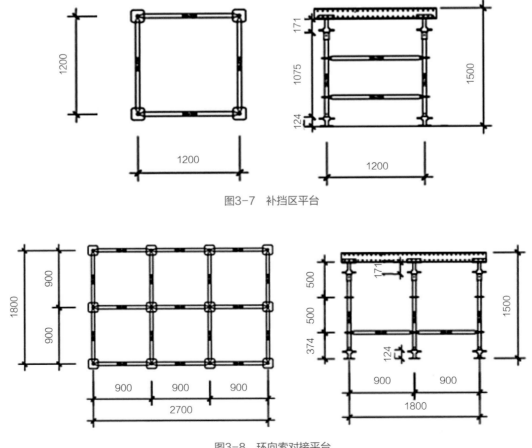

图3-7　补挡区平台

图3-8　环向索对接平台

索夹平台根据索桁架结构张拉完成后索夹投影位置，沿径向索体向场区方向偏移2m进行定位。补挡区平台设于索夹平台之间，环向索接头平台设于接头投影位置沿径向索体向场区方向偏移2m处。

（2）径向索胎架

径向索铺设时为避免看台、女儿墙等对索体的损伤，沿径向索张拉完成后的投影位置设置1000mm宽径向索胎架或采用800mm长木方对看台阳角进行防护。其中体育场东西区看台存在高低层，采用钢管脚手架搭设1000mm宽径向索胎架支撑索体；南北区看台连续，采用800mm长木方对看台阳角进行防护。东西看台脚手架竖向布置图如图3-9所示，南北看台索体布置图如图3-10所示。

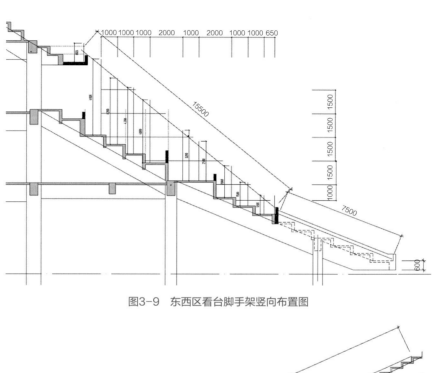

图3-9 东西区看台脚手架竖向布置图

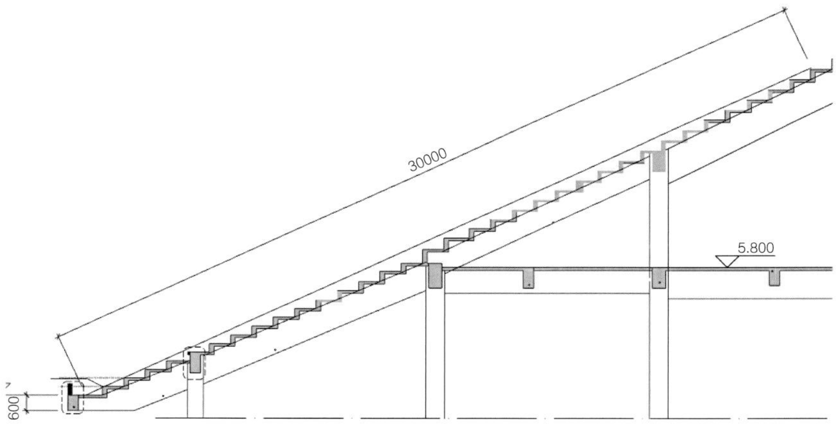

图3-10 南北区看台索体布置图

3.3.2 单层索系索体铺设

（1）环向索铺设

工程单根环向索由2根长度为240多米的索体组成，因索体太长，采用索盘放索装置通过履带起重机行走铺设进行放索。环向索展开后，应按照索体表面的顺直标线将环向索理顺，防止索体扭转。在索体展开及调整过程中还应避免对索体的磕碰及划伤。因索体盘绕时产生的弹性和牵引索盘产生的偏心力，索体开盘时极易导致散盘，危及工人安全，因此开盘时还应注意防止崩盘。索盘放索装置及环向索放索过程实例如图3-11所示。

（2）径向索铺设

径向索长度为45m，采用135t履带起重机进行空中展索，释放索体盘绕时产生的弹性力，同时将顺索体确保索体表面的顺直标线位于索体顶部。索体展索完成后铺设于径向索胎架或看台，并在上部索头处安装工装设备，防止索体滑落。径向索展索及索体安装工装设备实例如图3-12所示。

图3-11 索盘放索装置及环向索放索过程实例

图3-12 径向索展索及索体安装工装设备实例

3.3.3 单层索系索体连接

（1）环向索索夹安装

工程上、下环向索均由8根环向索组成，各通过52个环向索索夹将8根索体连接成整体。8根索体平均分布于索夹的上下两个端面并有序排列。将下端面索体铺设完成后吊装环向索夹，再铺设上端面索体；索体铺设完成后，根据索体出厂时表面标记的索夹位置线，利用吊带及手拉葫芦使索体标线与索夹侧端面重合。索体到位后用上、下盖板将索体固定，并进行螺栓初拧。初拧按斜对角交叉顺序进行，初拧扭矩为终拧扭矩的50%。螺栓均初拧完成后，再施加终拧扭矩把螺栓拧紧，顺序同初拧顺序。施拧采用电动扳手进行。索夹位置线及环向索连接实例如图3-13所示。

图3-13 索夹位置线及环向索连接实例

（2）径向索夹安装

上、下径向索体上均布设有5个径向索夹。按照索体出厂时表面标记的索夹位置线安装径向索夹，除保证位置准确外同时还要保证索体表面的顺直标朝上并与索夹中心标记对齐。径向索夹分为上下夹板，上下夹板将索夹住后，螺栓穿过螺栓孔进行初拧，螺栓施拧方法同环向索夹。径向索夹连接及电动扭矩扳手实例如图3-14所示。

图3-14 径向索夹连接及电动扭矩扳手实例

大六角头高强度螺栓施工扭矩可由式（3-1）确定：

$$T_c = K \cdot P_c \cdot d \tag{3-1}$$

式中：T_c——施工扭矩（N·m）；

　　　K——高强度螺栓连接副的扭矩系数平均值，该值由复验测得的合格的平均扭矩系数代入；

　　　P_c——高强度螺栓施工预拉力（kN）；

　　　d——高强度螺栓螺杆直径（mm）。

高强度螺栓施工扭矩按表3-2选用。为补偿应力松弛，施工扭矩比理论扭矩增加10%。

高强度螺栓施工扭矩 表3-2

螺栓			设计预紧力（kN）	扭矩系数	理论扭矩（N·m）	施工扭矩（N·m）
形式	规格	级别				
大六角	M24	8.8级	223	0.14	749	824
大六角	M27	8.8级	290	0.14	1096	1206
大六角	M30	8.8级	354	0.14	1487	1635

（3）径向索与环向索索夹连接

径向索与环向索全部安装完成后，将径向索内侧索头与环向索索夹耳板相连，连接采用销轴，并保证销轴盖板固定牢固，防止销轴脱出。径向索与环向索索夹连接实例如图3-15所示。

图3-15 径向索与环向索索夹连接实例

3.4 索桁架结构空中组装与提升张拉同步施工技术

环向索、径向索连接完成后，进行索桁架的空中组装及同步提升张拉，通过施工仿真模拟及分析，主要按照以下几步实施。

第一步：上径向索和上环向索结构地面组装，提升器安装。此时进行上径向索的提升，随着上径向索体逐步离开看台或胎架，将竖向撑杆与上径向索夹进行销轴连接，减少高空作业量。

第二步：上径向索和上环向索提升至一定高度，组装部分撑杆、下径向索和下环向索。上径向索提升至距地16m距离时，环向索方向的第一道竖向撑杆与下环向索组装。随着上下径向索的提升，逐步将第二道、第三道、第四道竖向撑杆与下径向索组装。

第三步：整体牵引提升索结构，将上径向索与内压环梁锚接。在第二步基础上继续牵引上、下径向索，协同提升整个索网体系，直至将上径向索与内压环梁锚接。

第四步：继续牵引下径向索，在下径向索还剩5m时，组装次外圈撑杆（第五道竖向撑杆）。

第五步：继续牵引下径向索，在下径向索工装索还剩1m时，组装最外圈撑杆（第六道竖向撑杆）。

第六步：继续牵引下径向索，将下径向索与内压环梁锚接。

第七步：安装内环交叉索，整体结构成型。

第一步～第六步示意图如图3-16～图3-21所示。

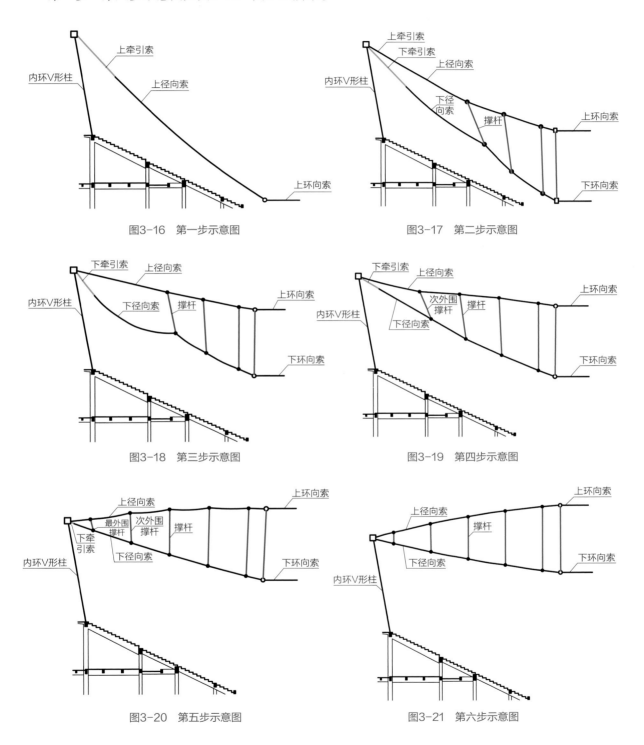

图3-16　第一步示意图　　　　　　　　　　图3-17　第二步示意图

图3-18　第三步示意图　　　　　　　　　　图3-19　第四步示意图

图3-20　第五步示意图　　　　　　　　　　图3-21　第六步示意图

　　通过施工仿真模拟，按照上述施工步骤能够保证索桁架成型效果；通过构件应力分析，各构件应力均在设计合理偏差范围内；综合评定可以按照上述步骤实施。

3.4.1 主动张拉与被动张拉技术研究

索桁架结构张拉完成后是一种预应力自平衡态，各节点中受力平衡。索桁架自身又是一种"力与形"相统一的结构体系，位形变化及索力变化是对应统一的。在结构体系中，各构件尺寸确定，各构件应力确定，如果一个因素调整，其他因素将随之调整。

索桁架结构构件种类很多，通过对各构件进行张拉受力形成最终索桁架结构，必然施工难度加大。结合索桁架结构预应力自平衡态的特点，如果将上、下径向索定长且上径向索与钢构压环梁先行连接后，只要对下径向索施加主动张拉力，其他索桁架结构构件必然承受被动张拉力，并随之产生相应位形变化。对下径向索逐步增加张拉力，下径向索逐步张紧，上径向索索力随之变大；当下径向索达到与钢构压环梁连接状态时，上径向索及索力达到设计初始状态，整个索桁架结构"力与形"到位。

通过施工仿真模拟及分析，各工况下上、下径向索索力及压环梁应力均在合理范围（详见表3-3所示），说明主动张拉技术与被动张拉技术相结合的施工方式可行。

施工仿真模拟各工况结构响应表　　　　　　表3-3

| 施工工况 | 施工步骤 | 牵引索力（kN） | | 外压环轴应力（MPa） | 索网竖向位移（mm） | 外压环径向位移（mm） |
		上径向索	下径向索			
GC-1	牵引上层索网起始	80.4 ~ 112.8	—	2.2 ~ 16.6	−45000	−2.7 ~ 23.9
GC-2	牵引上层索网至半空	186.0 ~ 257.5	—	−0.6 ~ 14.0	−30254	−4.2 ~ 21.7
GC-3	安装下层索网和部分撑杆	224.6 ~ 333.4	63.9 ~ 83.3	−2.8 ~ 13.2	−28508	−5.8 ~ 21.7
GC-4	整体牵引提升，上弦索锚接	1140 ~ 1640	27.3 ~ 33.5	−29.6 ~ −9.3	−17299	−19.7 ~ 0.07
GC-5	继续牵引下弦索，安装次外围撑杆	65.8 ~ 104.8	464.5 ~ 645.0	−8.51 ~ 8.76	−15173	−9.3 ~ 18.3
GC-6	继续牵引下弦索，安装最外围撑杆	11.5 ~ 16.2	843.2 ~ 1180	−19.0 ~ −0.86	−4153	−14.3 ~ 8.6
GC-7	下弦索锚接	1270 ~ 1820	2310 ~ 3290	−89.1 ~ −50.1	183.8	−56.3 ~ −31.3
GC-8	安装内环交叉索，结构成型	1220 ~ 1780	2220 ~ 3270	−88.2 ~ −49.5	195.3	−55.5 ~ −31.0

按照此方法，复杂的构造形式可以通过简单的受力方式进行控制，有利于现场施工，且能够保证结构的"力与形"满足设计要求。

3.4.2 索桁架分级提升张拉

工程52榀索桁架结构是由两两相互对称的4部分圆弧组成，每部分圆弧的径向索应力及直径不完全相同。为保证索体受力稳定、索桁架形态变化均匀，更好地实现索桁架结构提升张拉完成，工程采用分区、分级、对称张拉方式进行。

工程整体分为东南西北四个区域，每个区域选择结构对称的索体组成一批，按照循环往复的方式逐级张拉。通过施工仿真分析可以知道，前期张拉过程中主要以结构自重为主，后期张拉以施加预应力为主。为保证索桁架结构稳定、安全，且适当提高施工速度，前期张拉过程中采用400mm行程进行控制，后期张拉过程采用200mm行程控制。

3.4.2.1 分区分批

工程径向索分为上径向索和下径向索共计104根，其中上径向索分为ϕ75mm、ϕ85mm两个规格各26根，共计52根。下径向索分为ϕ105mm、ϕ120mm两个规格各26根，共计52根。径向索平面布置图如图3-22所示。

索结构整体牵引提升共设置54组泵站，其中控制上径向索提升的泵站共计26组，每组泵站控制2根上径向索、4个千斤顶。控制下径向索提升的泵站共计28组，其中05轴、18轴、44轴、51轴泵站控制1根下径向索、2个千斤顶。剩余24组泵站每组泵站控制2根下径向索、4个千斤顶。上径向索泵站平面布置如图3-23所示，下径向索泵站平面布置图如图3-24所示。

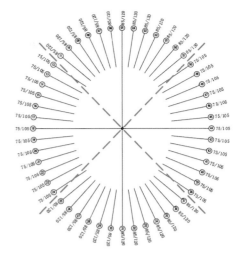

图3-22　径向索平面布置图

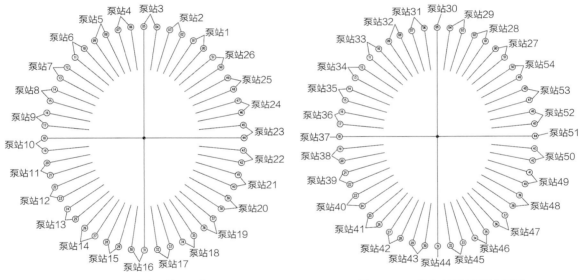

图3-23　上径向索泵站平面布置图　　　　　图3-24　下径向索泵站平面布置图

根据现场实际情况采用分区同步提升施工方法。首先分别对上、下径向索及泵站进行编号，然后根据对称分布原则对泵站及上、下径向索进行分批，上、下径向索各分为4个批次进行提升。每批次提升千斤顶2个行程即400mm，后进行下一批次提升，提升顺序为：1→2→3→4，4→3→2→1循环反复。当工装索剩余2m时更改为单个行程即200mm，然后进行下一批次提升，提升顺序与之前相同。当径向索统一提升至距离径向耳板中心100mm时，按上述进行分批锚固。

（1）上径向索具体分批如下：

第一批：共8台泵站，控制16根上径向索同步提升（编号见图3-25①）。

第二批：共8台泵站，控制16根上径向索同步提升（编号见图3-26②）。

第三批：共8台泵站，控制16根上径向索同步提升（编号见图3-27③）。

第四批：共2台泵站，控制4根上径向索同步提升（编号见图3-28④）。

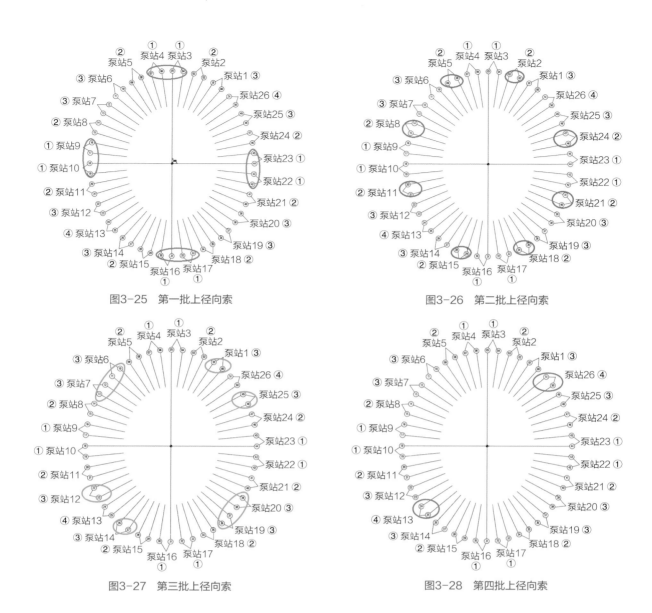

图3-25 第一批上径向索 　　　　　　图3-26 第二批上径向索

图3-27 第三批上径向索 　　　　　　图3-28 第四批上径向索

将上述油泵、索体的编号按照批次汇总如表3-4所示。

上径向索油泵、索体的编号按照批次汇总表　　　　　表3-4

批次	油泵编号	索体轴线编号
第一批次	3号、4号、9号、10号、16号、17号、22号、23号	4、5、6、7、16、17、18、19、30、31、32、33、42、43、44、45
第二批次	2号、5号、8号、11号、15号、18号、21号、24号	2、3、8、9、14、15、20、21、28、29、34、35、40、41、46、47
第三批次	1号、6号、7号、12号、14号、19号、20号、25号	0、1、10、11、12、13、22、23、26、27、36、37、38、39、48、49
第四批次	13号、26号	24、25、50、51

（2）下径向索具体分批如下：

第一批：共4台泵站，控制4根下径向索同步提升（编号见图3-29①）。

第二批：共8台泵站，控制16根下径向索同步提升（编号见图3-30②）。

第三批：共8台泵站，控制16根下径向索同步提升（编号见图3-31③）。

第四批：共8台泵站，控制16根下径向索同步提升（编号见图3-32④）。

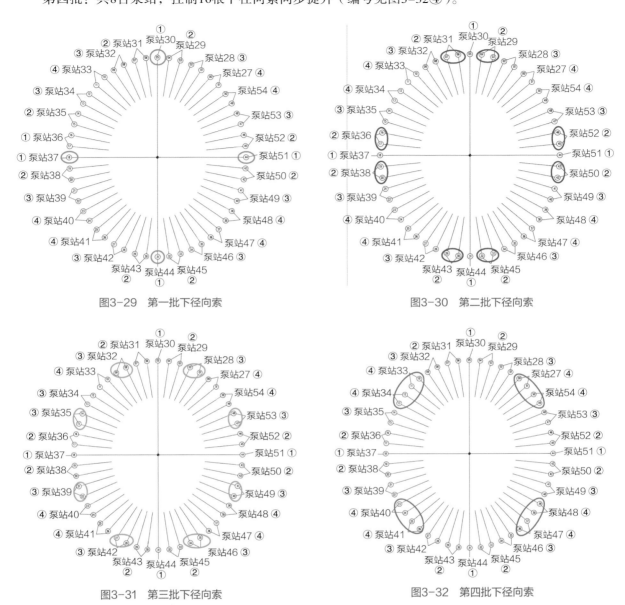

图3-29　第一批下径向索　　　　　　　　　　图3-30　第二批下径向索

图3-31　第三批下径向索　　　　　　　　　　图3-32　第四批下径向索

将上述油泵、索体的编号按照批次汇总如表3-5所示。

下径向索油泵、索体的编号按照批次汇总表　　　　　　　　　　表3-5

批次	油泵编号	索体轴线编号
第一批次	30号、44号	5、18、31、44
第二批次	29号、31号、36号、38号、43号、45号、50号、52号	3、4、6、7、16、17、19、20、29、30、32、33、42、43、45、46
第三批次	28号、32号、35号、39号、42号、46号、49号、53号	1、2、8、9、14、15、21、22、27、28、34、35、40、41、47、48
第四批次	27号、33号、34号、40号、41号、47号、48号、54号	0、10、11、12、13、23、24、25、26、36、37、38、39、49、50、51

3.4.2.2 分级同步张拉技术

（1）工装系统设计

工程选用液压提升技术进行索桁架张拉，采用液压提升器作为提升机具，柔性钢绞线作为承重索具。液压提升器为穿芯式结构，以钢绞线作为提升索具，其具有安全、可靠、承重件自身重量轻、运输安装方便、中间不必镶接等一系列独特优点。

1）液压提升系统

液压提升器两端的楔形锚具具有单向自锁作用。当锚具工作（紧）时，会自动锁紧钢绞线；锚具不工作（松）时，放开钢绞线，钢绞线可上下活动。液压提升过程如图3-33所示，一个流程为液压提升器一个行程。当液压提升器周期重复动作时，被提升重物则一步步向前移动。

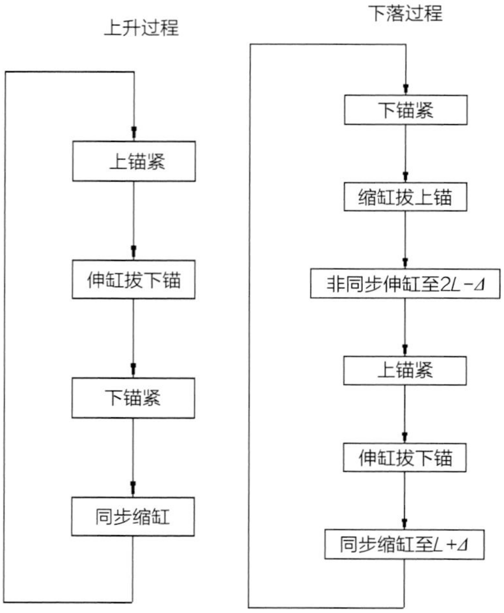

2）牵引千斤顶选型和数量

根据仿真模拟施工确定的最大牵引力选择液压千斤顶的型号。每个牵引点配备两台YCW系列轻型千斤顶，该系列轻型千斤顶不仅体积小、重量轻，而且强度高、密封性好、可靠性高。

根据计算分析，锚接上径向索的最大牵引力为1640kN，锚接下径向索的最大张拉力为3270kN；采用两台YCW150千斤顶并联张拉上径向索；采用两台YCW250千斤顶并联张拉锚接下径向索。选用千斤顶的主要技术参数如表3-6所示。

图3-33　液压提升器提升流程

选用千斤顶的主要技术参数　　　　　　　　　　　　　表3-6

型号	公称张拉力（kN）	公称油压（MPa）	穿心孔径（mm）	张拉行程（mm）	主机质量（kg）	外形尺寸（mm）	使用阶段	数量（套）
YCW250B	2480	54	ϕ140	200	164	ϕ344×380	ϕ120mm下径向索牵引张拉	52
YCW150B	1492	50	ϕ120	200	108	ϕ285×370	上径向索牵引及ϕ105mm下径向索牵引张拉	156

工装索的材料采用1860级ϕ15.20mm钢绞线。单根钢绞线的截面积为140mm^2，单根钢绞线的标称破断力为260kN。工装钢绞线承载力的安全系数≥2，满足要求。提升张拉装置俯视图如图3-34所示，上、下径向索锚接剖面图如图3-35所示。

（2）分级同步张拉

分级同步张拉技术具体提升步骤如下：

1）提升预紧

工装索与径向索索头反力工装和径向索索头与环向索索夹连接完成后，即可进行预紧工作。

第一步：预紧所有的工装索，标准为：工装索呈直线状态，径向索上索头脱离看台板。此过程也是检查提升设备性能的过程。

第二步：继续牵引工装索，具备安装径向索索夹条件时安装径向索索夹，安装索夹时采用线坠保

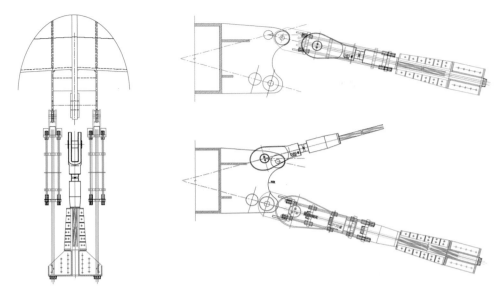

图3-34 提升张拉装置俯视图　　图3-35 上、下径向索锚接剖面图

证索夹平面的水平，具备安装撑杆条件时将撑杆与上径向索夹连接。

第三步：继续分批牵引工装索，使环向索索夹脱离胎架直至达到GC-1工况节点即上径向索长度剩余13m（达到工况GC-1时上径最大牵引索力为12t）。

2）工况GC-1牵引提升至工况GC-2

按照前述分批及牵引顺序继续提升上径向索，直至上径向索长度剩余4m，在提升期间继续在具备安装撑杆时及时将撑杆与上径向索连接（达到工况GC-2时上径最大牵引索力为26t）。

3）工况GC-2牵引提升至工况GC-3

第一步：上径向索维持在GC-2状态，保持上径向索工装剩余4m不动。

第二步：按照前述分区及顺序提升下径向索直至下径向索长度剩余13m。

4）工况GC-3牵引提升至工况GC-4

第一步：按照前述分批及牵引顺序继续提升上径向索，直至上径向索长度剩余1m。此时将原来2个行程一轮换更改为单个行程即200mm一轮换，然后进行下一批次提升，提升顺序与之前相同。当径向索统一提升至距离径向耳板中心100mm时，按上述分批及牵引顺序进行分批锚固。

第二步：在上径向索牵引过程中同时牵引下径向索。按照前述分区及顺序牵引提升下径向索直至下径向索长度剩余7.5m。

第三步：在整个提升过程中，根据上、下径向索的位置关系将自拉环至内环梁的C1～C3轴撑杆与下径向索夹锚接完成。

5）工况GC-4牵引提升至工况GC-5

按照前述分区及顺序继续提升下径向索直至下径向索长度剩余5m，在提升过程中根据上、下径向索的位置关系将C4～C5轴撑杆与下径向索夹锚接完成。

6）工况GC-5牵引提升至工况GC-6

按照前述分批及牵引顺序继续提升下径向索，直至下径向索长度剩余1m，在提升过程中根据上、下径向索的位置关系将C6轴撑杆与下径向索夹锚接完成。在此期间将内环交叉索与环向索耳板连接安装完成。

7) 工况GC-6牵引提升至工况GC-7

达到工况GC-6时下径向索仅剩余1m。此时将原来两个行程一轮换更改为单个行程，即200mm一轮换，然后进行下一批次提升，提升顺序与之前相同。当径向索统一提升至距离径向耳板中心100mm时，按上述分批及牵引顺序进行分批锚固。索桁架张拉完成实例如图3-36所示。

图3-36 索桁架张拉完成实例

3.5 板式碳纤维交叉索（CFRP）施工技术

工程上、下环向索间设置有52组板式碳纤维交叉索，104根拉索，根据部位不同，长度为16~18m。板式碳纤维交叉索的应用，降低了索桁架悬挑端的重量，同时降低了索夹承受的不平衡力，简化了索夹构造，实现了不同材料在同一结构中的完美结合，使索桁架受力合理、结构轻盈、效果良好。板式碳纤维交叉索在建筑工程中为首次应用。

3.5.1 板式碳纤维交叉索安装

板式碳纤维交叉索整体重量较轻，整根索体重量为280kg左右，其中碳纤维索重40kg左右，单端锚头重120kg。板式碳纤维交叉索虽然强度很高，但是不耐弯折、划伤，在堆放、运输、安装过程中要特别注意防护。

堆放、运输过程中为更好地保护板式碳纤维交叉索体，除对索体、锚头采用防护材料包裹外，还特制了索体安放架（图3-37），用于固定锚头及舒展索体。

板式碳纤维交叉索的锚头重量远远大于索体的重量，为避免吊装过程中锚头处意外损伤，特别设计了一种"双锚头起吊"安装工艺，主要流程如下：

（1）由于锚头重量大，为避免起吊时锚头的大幅度偏转，采用柔性短吊带（吊带长度1.5~2.5m比较合适，严禁采用钢丝绳等），吊带的捆绑位置在图3-38中紫色线的位置，利用螺栓之间的空隙固定吊带，确保吊带不滑脱。两端的锚头都按上述工艺进行吊带捆绑。

图3-37　板式碳纤维交叉索特制安放架实例　　　图3-38　板式碳纤维交叉索锚头吊带捆绑位置实例（附成品保护棉毡）

（2）利用两台起重机同时起吊，将拉索吊离地面（图3-39、图3-40）。

图3-39　双起重机吊起板式碳纤维交叉索　　　图3-40　板式碳纤维交叉索竖直吊起

（3）板式碳纤维交叉索整体脱离地面后，上锚头继续提高，下锚头不动或配合上锚头运动提升。

（4）上锚头提升至锚头安装位置，安装销轴及固定盖板。板式碳纤维交叉索上锚头安装如图3-41所示。

（5）起重机将下锚头拉至下锚头安装位置，安装销轴及固定盖板。板式碳纤维交叉索下锚头安装如图3-42所示。

（6）按此流程依次安装。一组立面桁架框内的板式碳纤维交叉索安装完成实例如图3-43所示。

图3-41 板式碳纤维交叉索上锚头安装

图3-42 板式碳纤维交叉索下锚头安装

图3-43 一组立面桁架框内的板式碳纤维交叉索安装完成实例

因板式碳纤维交叉索刚度大，安装时需要注意如下几点：

（1）严禁将索体和锚头弯折，以防折断板式碳纤维交叉索或造成严重损伤。

（2）吊装过程中，严禁索体碰撞其他物体。

（3）吊装过程中离开地面或支架时，应缓慢并注意观察，如有异常立即检查。

（4）锚头和索体外包装可在拉索上锚头安装完毕后去除，或全部完成后去除。

（5）如有异常，立即停止检查，查明原因后方可继续。

3.5.2 板式碳纤维交叉索体防碰撞隔离技术

一个立面桁架框内的两根交叉的板式碳纤维交叉索，如果距离很近，在风荷载作用下，有可能发生碰撞，并发出声响，影响下方观众的注意力，干扰场内比赛。为避免这一现象的发生，课题组采用如下几种办法解决。

（1）通过数值仿真计算和模拟，算出板式碳纤维交叉索可能出现最大的振幅，在设计时确保两根交叉索的间距大于这个数值，可以确保在设计工况下不会相互碰撞。

（2）在制作板式碳纤维交叉索时，在交叉位置左右500mm的范围内设置缓冲橡胶垫，即使发生超过计算工况振幅的碰撞，也不会发出碰撞的声响。缓冲橡胶垫布置位置如图3-44所示。

（3）为保证索体及缓冲橡胶垫的整体性及对板式碳纤维交叉索体进行必要的保护，在索体成型前穿28mm（厚）×52mm（宽）热塑套（图3-45），索体定长及锚具螺栓紧固后使用热风机对热塑套进行加热，使热塑套热变收缩将索体及缓冲橡胶垫包覆紧密。

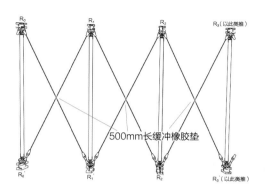

图3-44　缓冲橡胶垫布置位置

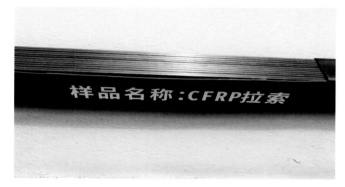

图3-45　板式碳纤维交叉索热塑套

3.6　索桁架结构施工监测

结构监测是指在结构上布设传感器，实时在线测量结构的受力状态和反应，根据监测的数据，评估结构的安全性，对危及结构安全的状态及时预警，从而避免重大事故的发生，保证结构在施工和服役期的安全。

体育场索桁架结构跨度大、构件多且结构复杂，在不同施工阶段需要监测构件的位移、应变、交变应力以及节点局部应变等，实时与施工模拟结果、设计状态进行比较，验证施工模拟和设计的准确性，确保结构的安全和质量的可靠，并为相关工程提供借鉴。

3.6.1　施工监测内容

针对索桁架结构主要监测如下内容：
（1）内环梁及平面环桁架的应力应变。
（2）环向索、径向索及交叉索的索力监测。
（3）环向索、径向索变形监测。

3.6.2　监测点布设

（1）内环梁及平面环桁架的应力应变监测采用振弦式表面应力应变传感器，其布置点如图3-46所示。其中，★代表内环梁的8个测点，每个测点布置4个应变计，内环梁应力计布置细部大样如图3-47所示；▲代表外环梁的7个测点，每个测点布置4个应变计，外环梁应力计布置细部大样如图3-48所示；●代表交叉梁的5个测点，每个测点布置2个应变计，交叉梁应力计布置细部大样如图3-49所示。

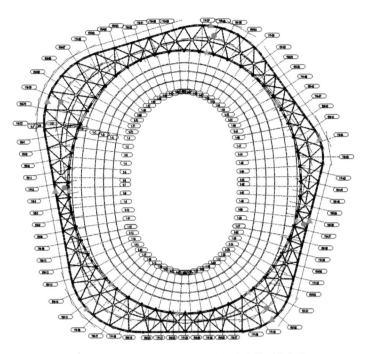

图3-46　内环梁及平面环桁架的应力应变监测点布置

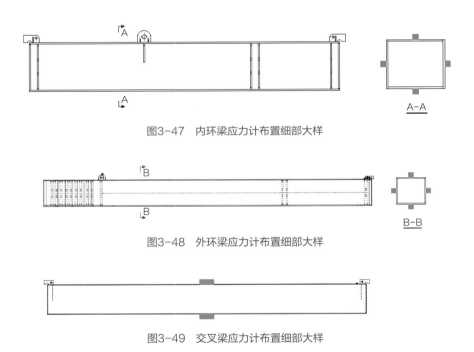

图3-47　内环梁应力计布置细部大样

图3-48　外环梁应力计布置细部大样

图3-49　交叉梁应力计布置细部大样

（2）环向索、径向索的索力监测采用振弦式位移计（裂缝计），交叉索的索力监测采用EM索力传感器，所测区域平面位置如图3-50所示。

共选取7个区域对上、下径向索及上、下层环向索进行监测，每个区域选取一跨，上、下径向索各布置1个测点（图3-51），上、下层环向索各布置1个测点（图3-52）。在南区中间区域选取一道撑杆，在两侧交叉索上各布置1个测点（图3-53）。

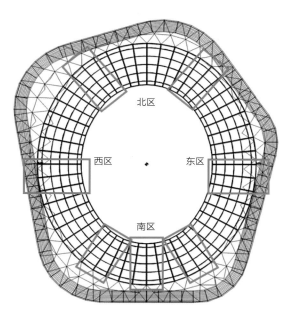

图3-50　所测区域平面位置

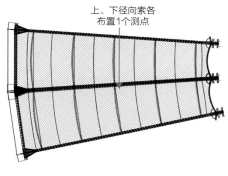

图3-51　径向索测点布置

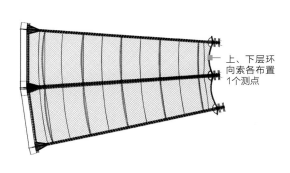

图3-52　环向索测点布置

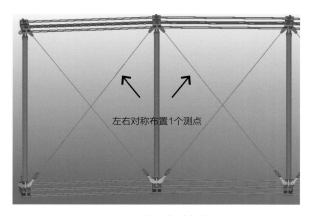

图3-53　交叉索测点布置

（3）环向索、径向索变形监测采用全站仪，棱镜采用标靶贴于索体或索夹上。环向索索夹全部布设标靶贴，径向索平面位置、变形测点布置图如图3-54、图3-55所示，上环向索测点标靶布置如图3-56所示。

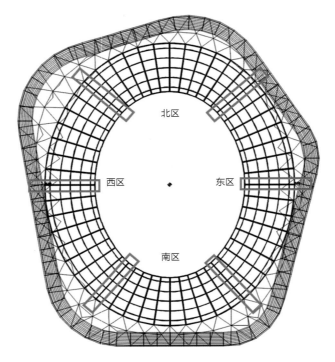

图3-54　径向索平面位置

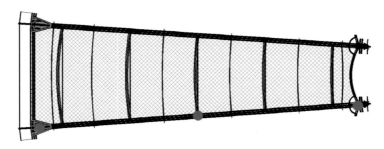

图3-55　径向索变形测点布置图

图3-56　上环向索夹测点标靶布置图

3.6.3 监测结果

通过对索桁架结构的连续监测及对数据的整理及绘制索力变化趋势图，得出如下结论：

（1）上层索网牵引提升及部分撑杆安装阶段，索力监测数据在810.97～1511.99kN范围内变化，符合索结构施工过程中的结构响应。

（2）下径向索牵引过后的锚接阶段，下径向索与下环向索内产生大幅度的索力增加，符合索结构施工过程中的结构响应。

（3）下径向索锚接完成后，上、下径向索与环向索的索力监测数据日变化趋势较为平缓，符合索结构施工过程中的结构响应。

（4）通过整体索力变化趋势看，整体结构处于稳定状态。

（5）通过上环向索夹位形监测数据看，整体结构位形偏差均较小，极值为47mm，符合设计要求。
索力监测数据（部分）如图3-57所示。

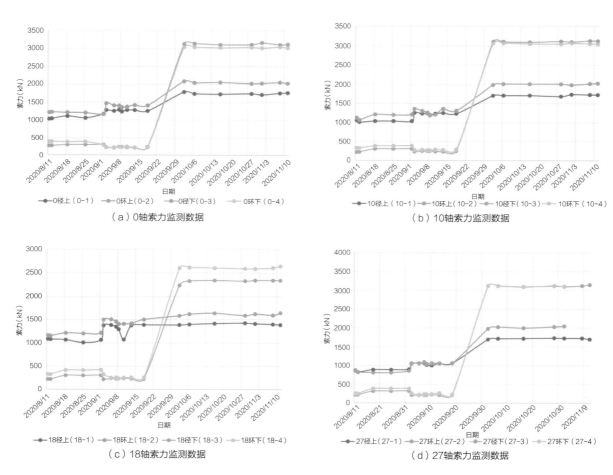

图3-57　索力监测数据（部分）

3.7 小结

　　罩棚双层轮辐式凸面索桁架结构为国内首次应用，52榀双层径向、环向索桁架悬挑45m。首次应用了国产ϕ120mm大直径高钒密闭索、高强度铸钢索夹、板式碳纤维索等新材料，创新应用索桁架结构节点连接技术、提升张拉与空中组装技术、板式碳纤维索应用技术和施工仿真技术，解决了大跨度索桁架结构的施工安装难题。

　　该项技术成果形成发明专利1项，实用新型专利8项，海南省工法1项；"不规则支撑轮辐式索桁架结构建造关键技术研究与应用"技术成果经鉴定达到国际先进水平，其中提升张拉与空中组装技术达到国际领先水平；"结构用碳纤维复材平行板索技术研发"技术成果经鉴定达到国际领先水平。

第4章
§
连续拱形膜结构屋面施工技术

4.1 罩棚膜结构概况

屋面膜主要采用1mm厚PTFE膜材。环向方向按照轮辐式索结构索体的分布形式将屋面膜分为52张膜片，膜片分为两类，每片膜长度45m，膜外口宽15m，内口宽约8m。膜材总面积约3万m²。每一跨径向方向拱杆进行膜面支撑受力，辅助以φ26mm的拉索进行平衡拱杆，拱杆之间采用φ26mm谷索进行膜面拉结受力，膜边界采用膜边索进行拉结，各类膜面受力构件环向对接交圈，膜与主索连接采用U形锁扣拉接。整体呈椭圆形的环状中空罩棚样式，跨度46m，在遮阳、防雨、排水的同时，整体的索膜体系更能最大限度地提高空间利用率，使场内空间扩大。同时，膜面拱杆支撑和谷索拉结，使屋面膜高低起伏，构造型轻盈灵动。另外，PTFE膜材的自洁性会保持洁白无瑕的视觉效果，使整体膜结构罩棚达到预期的建筑效果。屋面膜结构如图4-1所示。

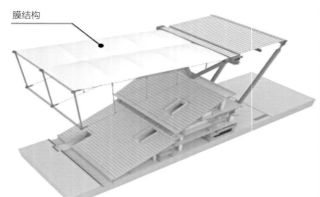

图4-1　屋面膜结构

4.2 膜材张拉变形控制与裁切技术

膜材边界为不可调边界，因此，膜片的预张拉完全依靠裁剪收量进行控制。为了得到规定预张力下的膜面收缩量，通常有两种方法，一是采用弹性模量进行计算，二是通过试验的方法，直接测得规定预张力下的膜应变，按此应变值作为裁剪依据。单元膜片平面和侧面视图如图4-2所示。

根据设计要求，本工程膜面预张力为经向4kN/m，纬向4kN/m，经找形，单元膜片的预张力布置图如图4-3所示。

结合膜面荷载作用下的经向和纬向应力，分析其变形情况，确定膜面的张拉方案和控制参数。膜材的经纬向布置图如图4-4所示。

根据张拉工艺和安装过程，膜材的最终张拉方向为纬向，因此应采用纬向弹性模量进行计算。

工程屋面膜采用PTFE膜材，型号为杜肯B18059，项目组对该膜材进行了多次的张拉试验，以便

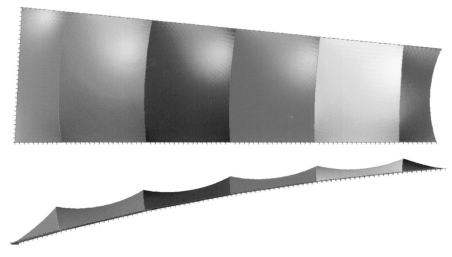

图4-2 单元膜片平面和侧面视图

图4-3 单元膜片预张力布置图

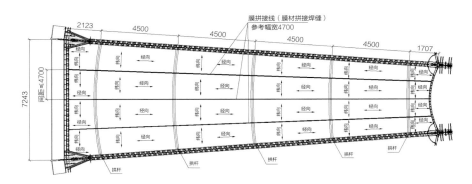

图4-4 膜材的经纬向布置图

更准确地确定其张拉特性。

主要依靠裁剪收量完成对膜片的预张拉的控制。为了得到规定预张力下的膜面收缩值，主要采用弹性模量进行计算，并通过试验的方法，直接测得规定预张力下的膜应变，应变值作为裁剪依据，剪裁快捷，下料准确。

屋面罩棚受材料幅宽影响，不可避免地存在焊接缝，裁剪焊接布置直接影响建筑效果。为保证膜面整体效果并避免浪费，根据项目特点及相同案例经验，弧形屋面膜采用成行成线对称剪裁技术，膜材裁剪片间的主裁剪线沿径向布置并且保证裁剪缝为一条贯通线，在长方向中线位置依次沿纬向按照固定幅宽向外排列布置，膜片边膜为轴线对称半膜布置，环向方向因拉结构造的需要进行对称裁剪焊接。

拼缝线按以下原则布置：

（1）依据膜材的幅宽，中间两片膜满足满幅宽的要求，以节约膜材；

（2）采用对称布置的原则，在长方向画中线，膜焊缝关于该中线对称；

（3）拱杆位置的拼缝、鞍部的横向焊缝，按整体受力及构件布置需要进行。

膜材裁剪片间的主裁剪线沿经向布置并且保证裁剪缝为一条贯通线，在长方向中线位置依次沿纬向按照固定幅宽向外排列布置，膜片边膜为轴线对称半膜布置，环向方向因拉结构造的需要进行对称裁剪焊接。裁剪效果良好，满足建筑设计效果。裁剪尺寸、屋面膜罩棚裁剪线布置图如图4-5、图4-6所示。

图4-5　裁剪尺寸

图4-6　屋面膜罩棚裁剪线布置图

4.3 膜结构铰接拱杆安装技术

屋面罩棚膜整体依附在钢索结构上，拱杆杆件与索结构径向索的连接采用新型节点构造，利用长螺栓贯通拉结径向索索夹将膜拱杆与索结构整体性连接，创新的节点构造满足了屋面膜的张拉工艺，同时将360°轴向旋转的拱杆构件与预应力膜结构通过铰接节点进行受力配合，也满足了多台风地区的结构受力需要。

轮辐式索桁架撑杆与膜拱杆的连接节点，包括索夹、膜拱杆、配套长螺栓、专用垫片等。拱杆杆件与索结构径向索的连接节点如图4-7所示。

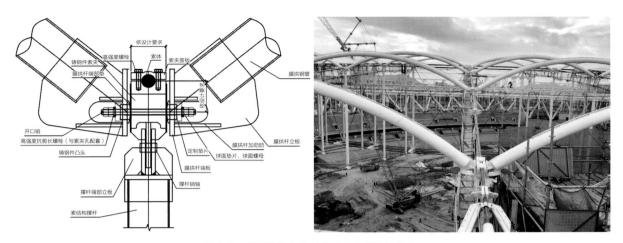

图4-7 拱杆杆件与索结构径向索的连接节点

屋面膜面荷载通过拱杆、平衡索及径向索连接节点将荷载传递至索桁架结构。拱杆和平衡索共同构成平衡构件，承担膜面荷载。本工程要求拱杆两端与索夹侧壁贴紧，需要传递环向力，确保主索体系的稳定。为此，项目组在拱脚位置增加了弧形垫板，并采用球面垫片、球面螺母等措施，在保证拱杆自由摆动的同时，拱脚始终与索夹侧壁顶紧。同时，为保证拱杆旋转过程中，端板不会与凸台卡死，项目组进行了拱脚旋转分析，确定端板的孔直径。在膜面找形和屋面承受荷载的过程中，确保整体索桁架结构的稳定。

根据屋面索体系、膜面体系、拱杆等协同受力分析的结果和要求，拱杆的拱脚需要绕索夹凸台旋转，同时需要与索夹的侧壁顶紧，达到自耦转动又可传递环向力的目的。同时，采用球面垫片、球面螺母、球面垫块、月牙形垫片等措施。具体节点构造如图4-8所示。

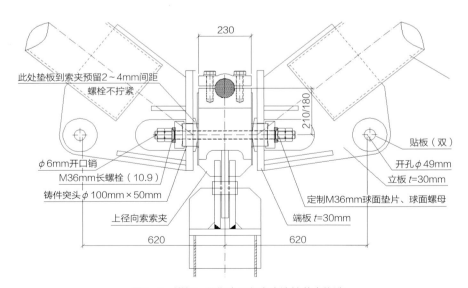

图4-8 拱杆、平衡索及径向索连接节点构造

在钢索结构施工完成后，首先校核索夹空间位置、索结构位形，达到设计要求初始态后，进行膜拱杆的安装。

膜结构安装以索桁架结构形式分区，单跨由外侧向内侧，整体环向依次吊安装的原则进行。

膜拱杆根据各个构件的实际长度，在现场将分段的膜拱杆拼装对接，然后再安装平衡索。同时将不锈钢卡槽安装焊接在拱杆上，完成后将固定膜下绳的铝合金卡具安装到位，完成以上工作，才满足吊装条件。膜拱杆采用180t起重机安装，安装时将两端与径向索夹耳板用对拉长螺栓连接固定。

（1）地面拼装

将分段的膜拱杆拼装对接，安装张弦索。考虑拱杆与索夹的节点构造，确保拱杆顺利塞入径向索夹之间，在地面张弦索安装完毕，采用工装设备将拱杆进行二次预紧，同时保证拱杆处于弹性变形状态。

安装平衡拉索时，必须保证连接驳接爪位置的中心符合安装要求，位置度±2mm、平面度±3mm，而且要使所有钢拱杆受力均匀，不能存在松动拱杆和受力过大拱杆。考虑钢拱杆与索夹的节点构造，在地面张拉时需要将拱杆采用工装设备进行预紧，使其尺寸与两侧索夹之间的距离吻合，将钢拱杆顺利塞入径向索夹之间，该操作需保证拱杆在弹性变形范围内。安装完成后，进行平衡索的螺杆二次调节至设计长度。

（2）高空安装

采用履带起重机将单榀拱杆吊装就位，索夹凸起穿过拱杆端板孔后拆除预紧工装设备，依次安装对拉长螺杆、球形垫板、球形螺母。

第一步：安装单跨拱杆。

第二步：拱杆安装完成后，钢丝绳整体稳定拱杆。

第三步：6个区域同时安装，对称同步依次安装完成。安装过程图如图4-9～图4-12所示。

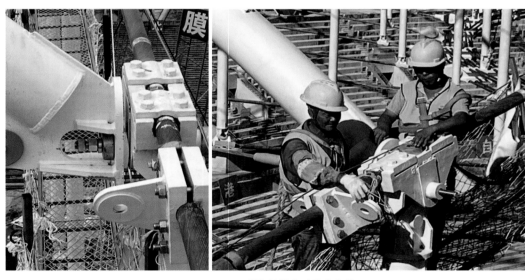

图4-9 拱杆铰接构造节点安装

图4-10　拱杆依次吊装

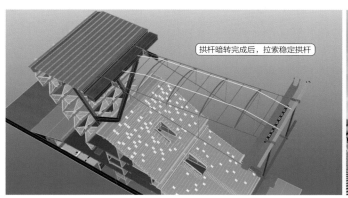

图4-11　拱杆安装

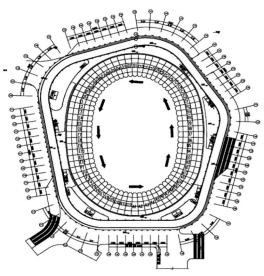

图4-12　拱杆按照顺序安装完成

在屋面罩棚膜整体依附在钢索结构的条件下，通过对拱杆杆件与索结构径向索的连接节点构造的创新，将360°轴向旋转的拱杆构件与预应力索膜结构通过铰接节点进行受力配合，适应多台风地区的结构受力需要及大面积膜材的整体张拉。使整体结构协调受力，施工高效、精准，便于达到设计效果。

4.4 膜材与拱杆多轨道附着连接技术

大跨度膜材施工中，需要通过特殊节点设计才能保证膜与拱杆杆件的有效连接，特别是在热带季风地区，如何在保证施工效率的同时，最大限度地保证膜材连接强度，避免膜材破坏，是目前大跨度膜材施工的难题。膜材与拱杆件之间的连接是否牢固直接关系到结构安全，亟需一种新型的膜材固着方法。

项目组提供一种罩膜与钢结构的多轨道配合式附着节点，解决现有技术中大跨度膜材施工中风力强劲地区大跨度膜材与杆件不能有效连接的技术问题，在保证施工效率的同时，最大限度地保证膜材连接强度，避免膜材破坏。

拱杆与屋面膜片协调受力，采用一种拱杆多轨道附着式节点措施固定膜材并辅助整体张拉，施工高效、精准。膜片与拱杆的连接采用定制铝夹具及不锈钢槽组合成"子母"扣件，在膜材张拉前将局部膜材固定在拱杆上，能够有效保证膜材起伏的造型效果，膜面荷载能均衡传递至拱杆，同时也避免了膜材在使用过程中与拱杆的磨损破坏。膜片安装时，首先安装拱杆，采用临时绳索固定，然后膜片从一侧滑向另外一侧，膜下所有拱杆一起穿入，最后形成一跨罩棚膜单元。拱杆轨道附着式节点三维模型如图4-13所示。

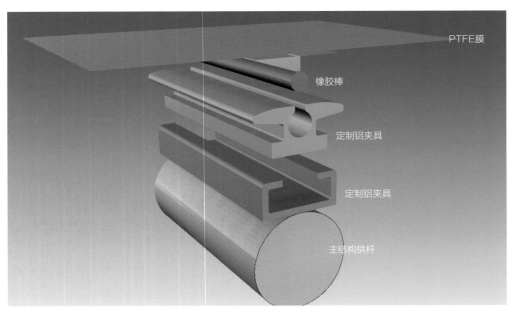

图4-13 拱杆轨道附着式节点三维模型

4.4.1 双层轨道附着连接构造

膜片与拱杆的连接，通过专门定制的铝夹具完成。在膜片的对应位置，设置专门的肋，类似于PTFE膜的收边。该收边采用特别的设计，确保膜材不会撕裂和应力集中。膜节点连接处膜面构造如图4-14所示。

拱杆处的铝型材为专门的定制的截面，满足

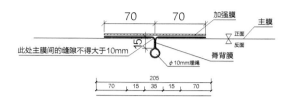

图4-14 膜节点连接处膜面构造

膜材的安装需求。铝型材穿过专门的折弯不锈钢槽与拱杆连接。其连接构造节点与实例如图4-15、图4-16所示。

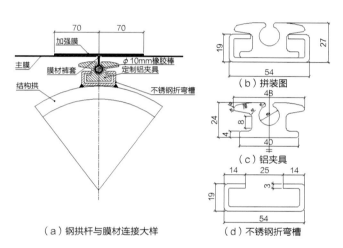

（a）钢拱杆与膜材连接大样
（b）拼装图
（c）铝夹具
（d）不锈钢折弯槽

图4-15 连接构造节点

图4-16 连接构造节点实例

膜片安装时，首先安装拱杆，采用临时绳索进行固定，然后将膜片从一侧滑向另外一侧，5道拱杆一起穿入，最后形成需要的膜面。

4.4.2 大跨度膜单元同步安装

工程屋面膜每片膜长度约45m，膜外口宽15m，内口宽约8m。为了保证膜片整体受力均匀及便于施工，需要将整片单元膜沿5道拱杆轨道整体牵引张拉。充分考虑膜材的经纬向力学性能及与拱杆的组合施工方案，故先进行纬向张拉，再进行经向张拉。

第一步：膜体吊装就位（图4-17）。根据膜面安装部位找出相同编号的膜包；采用膜吊装用专用工装，用2台180t汽车起重机吊至屋面就位。

第二步：展开膜材准备张拉安装膜材。

根据膜面安装要求每隔3~4m放置一定数量的膜面固定工装以及临时张拉工具。膜面固定工装及临时张拉工具包括铝合金压条、膜面螺旋夹、白色夹具、灰色夹具以及卸扣、绳索紧绳机、钢丝绳紧绳机、紧固钳和 ϕ14mm尼龙绳。

将安装膜面的手工工具分发到各个班组。手工工具包括大力钳、扳手及带安全挂钩的工具袋。所

图4-17　膜体吊装就位

有参加膜面展开工作的人员，必须穿软底胶鞋。

将膜面端部记号找出，人工将膜面牵引展开。然后，操作工人通过紧绳机牵引膜面，两侧工人用绳索拉紧灰色夹具，抖动膜面，辅助膜面的牵引。在牵引时应有专人负责牵引的统一指挥。牵引速度要一致，保证膜布水平向前展开。膜布展开时要随时观察膜布的外观质量，当发现因制作引起的破损、钩丝及不可清除的污迹时，要及时处理。膜材现场牵引如图4-18所示。

第三步：开始将膜材从一侧往另一侧张拉安装。其安装示意图如图4-19所示。

图4-18　膜材现场牵引

第四步：膜临时固定完成后，进行膜材张拉，采用张拉装置分级同步多次张拉，将膜材拉至预定位置，专用U形夹具与径向索固定。沿着弧杆逐步张拉安装膜材如图4-20所示。

当膜材牵引工作结束后，为防止风的作用造成膜面的损坏，立即安装防风绳，防风绳拉设时纵向每隔4m张拉一道。

膜材展开后，用事先布置好的紧绳器和专用夹具将膜四周临时固定在内环向索、径向索、压环梁圆管上，并用紧绳器对膜初步张拉，必须对膜面施加足够的力，保证膜面具备一定的应力水平，在

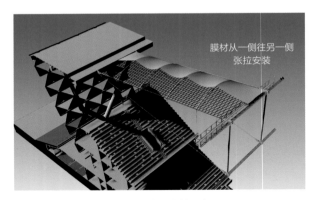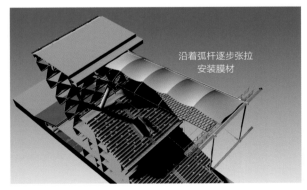

图4-19　膜材安装示意图　　　　　　　　　图4-20　沿着弧杆逐步张拉安装膜材

风、雨、雪等气候条件下不被破坏。膜展开后，应当天施工完成，否则需要将膜片临时固定牢固，确保膜安全。膜材临时固定如图4-21所示。

第五步：膜材环向张拉安装固定（图4-22）。

膜材临时固定完成后，随即进行膜材的张拉调整工作，张拉工作使用专用拉紧装置，采用分级同步多次张拉的方式，将膜材拉至设计固定位置。

通过调节工作，将膜拉至设计固定位置，用膜辅材铝型材夹具、不锈钢U形夹将膜与周边径向索、内环向索、压环梁钢管固定，固定螺栓要配置平垫、弹垫。膜材拉结点节点如图4-23所示。

第六步：拱杆之间设置谷索，单元膜材固定完成后，谷索穿过膜套与径向索连接固定，完成单元膜材安装。单片膜材安装完成如图4-24所示。

图4-21 膜材临时固定

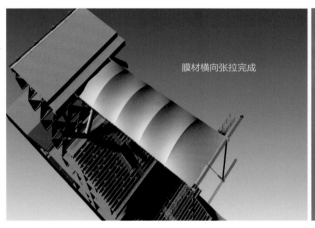

膜材横向张拉完成

图4-22 膜材环向张拉安装固定

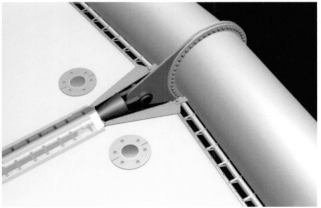

图4-23 膜材拉结点节点

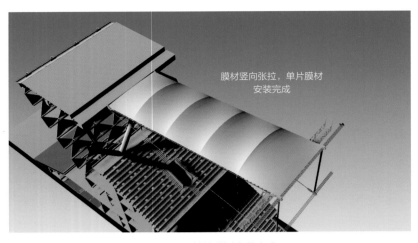

膜材竖向张拉，单片膜材
安装完成

图4-24　单片膜材安装完成

第七步：张拉力检验及淋水检验。

膜结构由于膜材的塑性及张拉性能，一般张拉时会在调节节点预留调节余量，经过多次张拉，并通过专业预应力拉力计检验膜结构的张拉是否达到设计强度。膜结构节点设计为不可调，需要在膜材料出厂前就进行预张拉，到现场后，通过单边及四周布置夹具，均衡受力张拉达到安装位形效果。充分利用沿海地区的多雨条件，反复进行雨后的膜面下方的漏雨检查以保证屋面膜的遮雨功能。

总结：为使拱杆与屋面膜片协同受力，采用一种拱杆多轨道附着连接构造固定膜材并辅助整体张拉，定制专用铝夹具及不锈钢槽组合成"子母"双层轨道，膜材通过轨道固定在拱杆上。保证了膜材起伏的造型效果，膜面荷载能均衡传递至拱杆，避免了膜材使用过程中与拱杆的磨损破坏。

4.5　膜结构屋面排水构造

膜结构屋面整体呈椭圆形的环状中空罩棚样式，膜材总面积约3万m²，分为52张单元膜片，每片膜外口宽15m，内口宽约8m，膜片主要与径向索固定张拉，单边连接长度46m。大跨度索膜结构整体稳定性较差、抗风揭能力不强，膜材与索结构的连接需要通过特殊节点设计，才能保证膜材与索体的有效连接。

三亚为多台风地区，瞬时降雨量较大，在索膜结构屋面使用过程中，如何保证大面积膜材屋面快速汇水、排水，防止积水增加屋面荷载，造成膜面破坏，是需要重点解决的问题。

4.5.1　屋面膜与径向索坡谷连接构造

屋面膜与径向索坡谷连接构造，包括PTFE膜材、拉膜铝夹具、铝盖板、上径向索、U形夹，拉膜铝夹具通过U形夹与上径向索连接，PTFE膜材通过硬质尼龙绳与拉膜铝夹具连接，铝盖板设置在拉膜铝夹具上部。

为防止使用过程中屋面防水膜材凹陷及积水，在坡谷节点处加设铝盖板使得膜面更为平整。膜材排水方向如图4-25所示。

（1）坡谷处构造节点

索系中上径向索间为一整片膜材，采用创新型膜谷连接构造节点，将膜谷部位单片膜材与单片膜材间设置防水批帘封闭。膜谷处连接构造采用谷索拉结屋面膜，拱杆顶撑屋面膜，共同在主索索体上依次进行固定，相邻两片屋面膜形成膜谷，再采用铝盖板及防水膜进行膜谷封闭，形成了稳定受力的膜谷构造，也同时作为径向排水沟进行有组织排水。该构造使得屋面膜的造型美观、受力稳定并能较好地适应屋面罩棚整体排水体系。坡谷构造节点如图4-26所示，坡谷连接构造安装如图4-27所示。

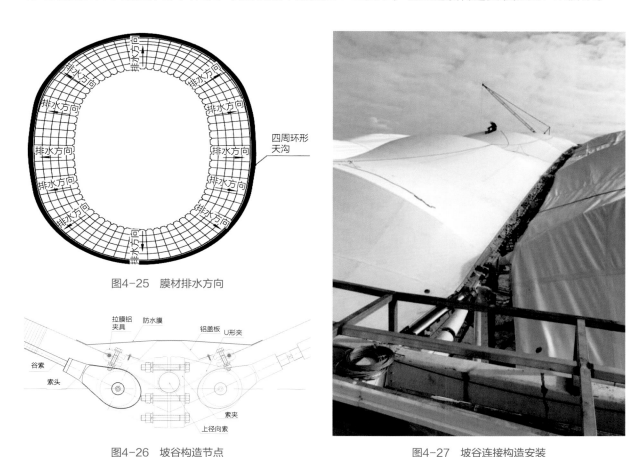

图4-25　膜材排水方向

图4-26　坡谷构造节点

图4-27　坡谷连接构造安装

（2）坡谷封闭

两块相邻单元膜块固定安装完成后，要安装支撑铝板（图4-28），然后再进行防水膜安装（图4-29）。防水膜施工前应将焊接区域的灰尘用抹布擦干净。防水膜两端用紧绳器拉展，平直，无皱褶。防水膜焊接前，需对工人进行好技术交底工作，焊接前要进行焊接工艺评定，作业人员严格按照规范焊接，保证焊接牢固、可靠。

总结：针对大面积索膜罩棚体系的整体排水系统，通过创新一种膜材与索体缝隙处理的膜谷连接构造，将单元膜材与索结构连接成整体使索膜体系共同受力，同时，该技术将雨水沿拱形膜面向坡谷汇水，将膜谷构造作为径向排水沟，配合屋面体系排水。此系统便于屋面汇水排水，保证了屋面索膜受力稳定。

图4-28 支撑铝板安装

图4-29 防水膜安装

4.5.2 大面积膜结构屋面雨水设计

工程整个膜结构罩棚中心部位高于四周，雨水从中心往四周汇集。雨水沿膜面流向两边，流至上径向索的位置，在径向索位置形成膜谷，相当于径向排水沟，雨水沿该排水沟流向外环天沟。膜结构罩棚四周设置外环天沟，天沟内设置出水口，与工程整体排水系统相连。

为保证屋面膜排水顺畅，按照膜结构屋面的设计汇水量，并结合施工经验，拱杆处坡度需大于25%。通过三维模型进行坡度分析，不断调整拱杆高度及谷索位形尺寸，最终得到标准单元跨度、拱杆高度的施工参数。标准单元跨度12100mm，拱杆高度2000mm，平均坡度为2000/（12100/2）=33%，在达到最优建筑效果的同时满足排水要求。屋面膜整体挑长37482mm，上径向索前后高差5058mm，整体排水坡度为5058/37482=13.5%，保证了各部位快速排水、汇水的要求。曲面曲率分析如图4-30所示。

屋面罩棚外边缘与钢结构相交部位为整个膜部分的最低点，即汇水处，排水方向如图4-31所示。为确保排水顺畅，在钢结构环梁与膜材间单独设置排水天沟，雨水流至外环天沟附近时，通过膜面与天沟装饰铝板之间的间隙，排到天沟中，屋面膜与外环天沟连接汇水节点如图4-32所示。同时，为防止暴雨期间泄水不及时，增加膜面集中荷载，在膜片角部附加了两个辅助排水口。膜结构屋面内部如图4-33所示。

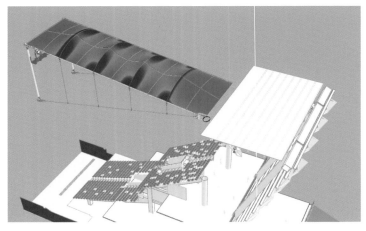

图4-30 曲面曲率分析

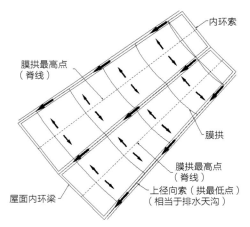

图4-31 排水方向

内环索

膜拱最高点
（脊线）

膜拱

膜拱最高点
（脊线）

屋面内环梁

上径向索（拱最低点）
（相当于排水天沟）

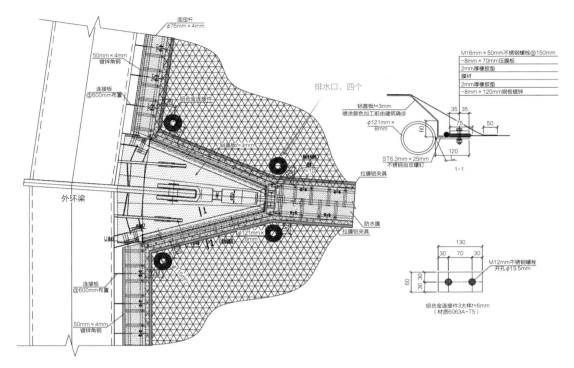

图4-32　屋面膜与外环天沟连接汇水节点

该系统整个膜结构罩棚顶部高于四周，有组织排水从中心往四周汇集，雨水沿膜面向两边流至上径向索的位置，新型的膜谷构造同时可当作罩棚径向排水沟，雨水沿该排水沟往外环方向流，最终汇入外环环形天沟，天沟内设置出水口，与工程整体雨水收集系统相连。整体屋面雨水收集系统充分利用结构构造，造型设计合理、排水系统节约高效。外环天沟排水三维图如图4-34所示。

图4-33　膜结构屋面内部

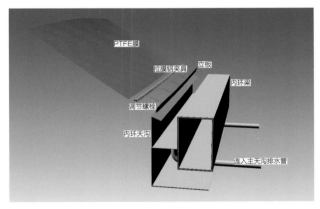

图4-34　外环天沟排水三维图

4.5.3　看台上方罩棚膜防滴水构造

屋面罩棚下方存在观众看台，为防止雨水沿膜内沿反水，在膜面内沿膜边索位置设置铝合金挡水板，挡水板为通长布置，能有效防止雨水越过膜面内沿，滴落到地面上。同时，在上径向索的适当位置，增加了挡水环，与挡水板进行整体交圈闭合，有效防止雨水沿径向索往下流。膜面节点平面布置图如图4-35所示。

该构造主要由铝合金挡水板、挡水膜片构成，挡水板螺栓固定于拉膜U形夹处，挡水膜片热合固定于屋面膜，外侧固定点抬高，挡水膜与屋面膜夹角为30°。该构造有效解决了高空屋面沿边滴水问题。内环膜边索防滴水节点如图4-36所示。

通过在膜面内沿位置设置通长挡水板，在索夹凹形膜边及膜边拉索部位进行整体交圈闭合，防止雨水流向场内，或滴溅到膜材边缘，导致边缘滴水。此处理技术解决了高空屋面边滴水、涌水的问题，保证了体育场的使用功能。防滴水边界构造做法如图4-37所示。

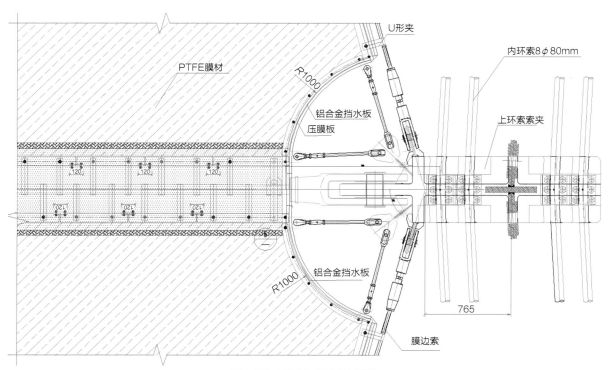

图4-35　膜面节点平面布置图

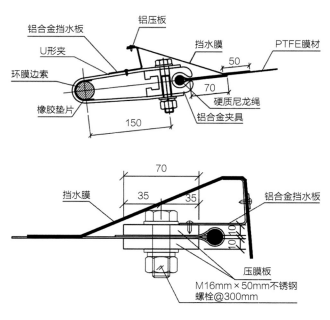

图4-36　内环膜边索防滴水节点

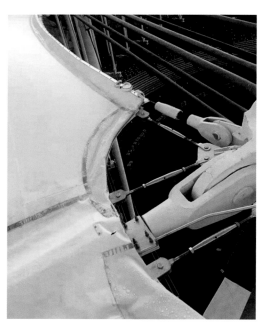

图4-37　防滴水边界构造做法

4.6 吊挂式操作平台应用

大跨度的屋面膜结构在拱杆安装和膜安装时，要在上径向索上设置施工人员作业平台。为保证施工人员安全且便于膜面安装，搭设吊挂作业平台。传统的建筑作业平台为整体结构，挂设在结构下方，工人只能在高空平台内部加垫板才能进行仰头施工，使得工人身体形态不好控制，操作不便，造成建筑施工效率低下，影响了建筑施工操作进度。工程创新设计了一种新型操作平台的通道。

径向高空吊挂作业平台主要包括吊钩、主索、索桁架撑杆、挂架、封板、安全网、安全绳、防护栏杆、钢梯和钢板网，索桁架撑杆与挂架连接，吊钩和主索通过镀锌螺栓与挂架连接，挂架周围设置有挂架方管防护栏杆，挂架内侧设置有安全网，封板采用螺栓安装在通用挂架的底部，挂架外侧设置有安全绳挂钩和安全绳，钢梯设置在挂架内下部，钢板网设置在钢梯上部。该技术适用于轮辐式索膜体系施工的组装平台分段单元式的设计，不受吊装限制、可沿主索无限延长安装，并且其结构简单，便于运输现场组拼方便快捷；使用安全可靠，有利于施工操作。吊挂式操作平台剖面图如图4-38所示。

主要将挂架、封板、安全网、钢板网、栏杆等在地面组拼完成，成品吊装至径向索上单边偏心挂接，利用索桁架钢撑杆进行挂架偏心力的抵消，保证作业平台平稳、正置，便于现场施工操作。吊挂式操作平台如图4-39所示。

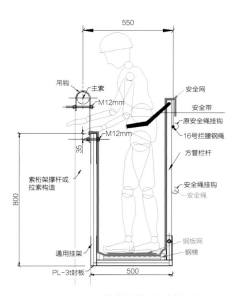

图4-38　吊挂式操作平台剖面图

图4-39　吊挂式操作平台

新型高空吊挂作业平台有别于传统挂设在下方的作业平台，杜绝工人高空在平台内部加垫板才能进行仰头施工的情况，充分利用轮辐式索结构的撑杆构造避免了作业平台的左右摆动，操作时工人身体形态控制好。分段单元式的设计，不受吊装限制、可沿主索无限延长安装。在覆盖完成膜结构、高度太高等的情况下，无法采用起重机进行拆除，该操作平台可不用起重机整体拆除，采用"倒退拆除"法，在高空由人工依次进行由远端开始拆解，安全绳运输至地面，减少机械使用。

4.7 小结

    体育场屋面膜结构由52榀拱杆式PTFE膜单元组成，结构悬挑长度45m，膜材展开及张拉施工均在46.5m高空完成。创新应用屋面罩棚与钢结构多轨道配合式附着节点、拱杆杆件与径向索连接节点等，实现了风力强劲地区大跨度屋面膜材、杆件的有效连接，运用屋面膜张拉应变控制技术，实现了大跨度屋面PTFE膜结构的高效、精准安装。该项技术成果形成实用新型专利6项，"大跨度屋面与多曲面单元幕墙PTFE膜结构施工关键技术研究与应用"技术成果经鉴定达到国际先进水平。

第5章

§

多曲面膜结构单元幕墙施工技术

5.1 单元膜结构幕墙概况

体育场外立面采用"白鹭"造型单元膜结构幕墙，立面膜体系采用9排、108列、972个骨架式膜单元环向错位排列，在整体造型上从低到高逐步放大，弯弧段采用异形膜片构造进行整体衔接。膜材的龙骨单元与主受力构件的环梁连接均采用螺栓连接，为保证膜单元的整体效果，单体膜单元采用一整片膜材，中间未设置拼缝。立面单元膜材采用0.8mm厚PTFE膜材，经向抗拉强度为8000N/5cm，纬向抗拉强度为7500N/5cm，经、纬向撕裂强度均为400N/5cm，防火等级B1级，质保期为20年。为保证良好的泛光效果，膜材漂白后可视透光率为12%，漂白后可视反光率（70±10）%。单元膜结构幕墙实景如图5-1所示。

图5-1 单元膜结构幕墙实景

5.2 单元膜结构找形控制技术

体育场钢结构外立面总周长为870m，外环柱为72根鱼腹式全铰接倾斜方柱，外环柱间距10~15m，高度33m。立面膜整体采用环向横梁固定于向外倾斜的外环柱，为适应倾斜铰接柱支撑钢结构的变形，竖向方向每三跨外幕墙柱设置变形缝，共设置有24处变形缝将环向横梁断开。

工程立面膜为多曲面异形骨架式膜结构，国内针对此类膜结构缺少相应的设计施工经验，对单元膜片的找形、裁切更是没有相关技术支持。结合体育场的工程实例，项目组研究针对该类膜材的找形裁切技术。立面膜局部立面图、剖面图如图5-2、图5-3所示。

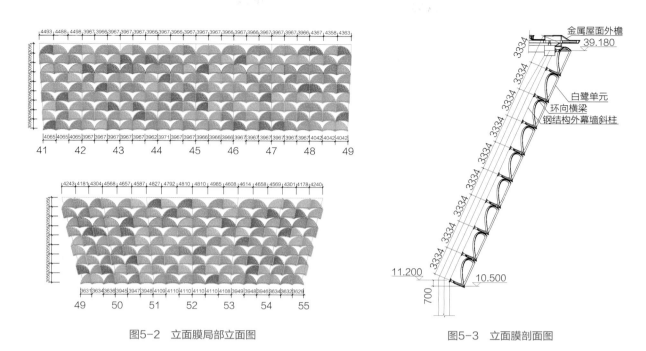

图5-2　立面膜局部立面图　　　　　　　图5-3　立面膜剖面图

5.2.1　找形、受力分析

（1）采用多曲面异形骨架膜找形技术。根据"白鹭"造型，每个"白鹭"单元分为左右两个"翅膀"，每个"翅膀"向后弯曲，且弯曲的弧度比较大。为获得可靠和良好的膜面造型，两个"翅膀"膜不做拼接缝，将整片膜材张拉成型。

（2）采用3D3S、犀牛、Easy等软件，多次调整膜面经向和纬向的初始拉力，反复找形和展平，通过多次试验，确定膜片的找形、展平方式及各个边角位置的修边处理方法等，确保每个"白鹭"单元膜的张拉效果相一致。

（3）采用3D3S计算软件进行膜骨架及膜材单元有限元分析，使用Rhino及Grasshopper进行膜单元构件分析。

（4）根据荷载组合效应，对单区域膜骨架进行验算，得到膜骨架各个杆件截面及材质要求。

（5）根据国家现行标准《膜结构技术规程》CECS 158、《建筑结构荷载规范》GB 50009及《建筑结构可靠度设计统一标准》GB 50068等进行膜结构预应力及强度分析。

（6）进行环梁验算，确定各环梁截面尺寸及材质要求。

（7）节点释放验算。在模型中，环梁与主体结构连接设置两个节点，环梁与中间两个柱子连接时，采用刚接节点，模型中采用刚接支座。

（8）环梁与变形缝位置的钢柱连接时，需要释放环梁轴向变形约束，同时释放所有方向的转动约束，因此，在端部支座处理时，人为增加两个小短柱，短柱两端铰接，用于约束环梁端部Z方向和垂直立面方向的变形，环梁轴向没有约束，这样可很好地模拟实际的支座情况。

（9）得到"白鹭"造型膜标准单元三维图及节点图如图5-4及图5-5所示。

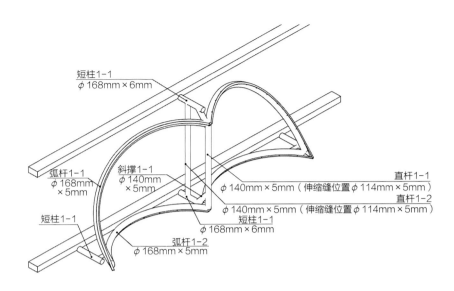

图5-4 "白鹭"造型膜标准单元三维图

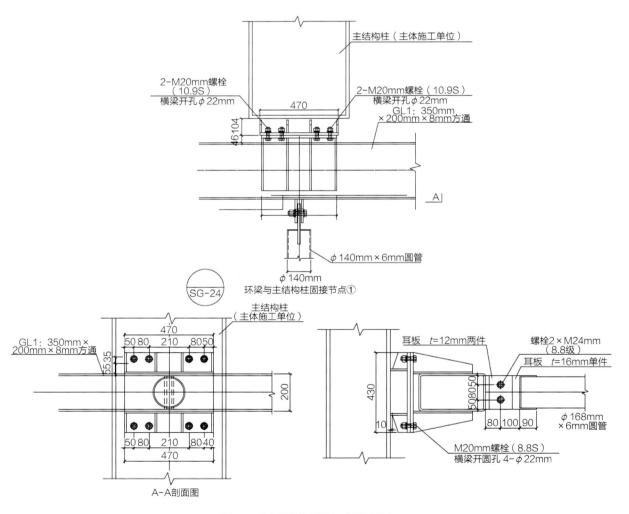

图5-5 "白鹭"造型膜标准单元节点

5.2.2 单元膜裁剪

根据"白鹭"造型，每个"白鹭"单元分为左右两个"翅膀"，每个"翅膀"向后弯曲，且弯曲的弧度比较大。为获得可靠和良好的膜面造型，两个"翅膀"膜不做拼接缝，而将整片膜材张拉成型。采用3D3S、Rhino、Easy等软件，多次调整膜面经向和纬向的初始拉力，反复找形和展平，通过多次试验，确定膜片的找形、展平方式及各个边角位置的修边处理方法等，确保每个"白鹭"单元膜的张拉效果一致。

一个"白鹭"单元的样式如图5-6所示。

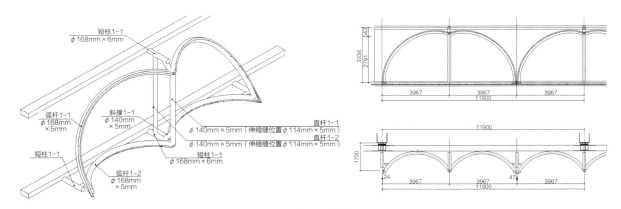

图5-6 "白鹭"单元

单元膜的裁剪主要技术点如下：

（1）技术一："白鹭"单元找形并三维分割膜片（图5-7）。

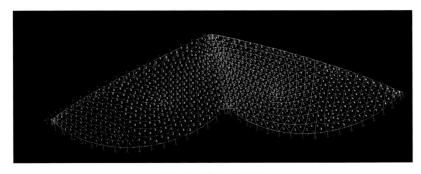

图5-7 技术一示意图

（2）技术二：按四片膜作为受力单元，分别展平的方式进行受力分析（图5-8）。

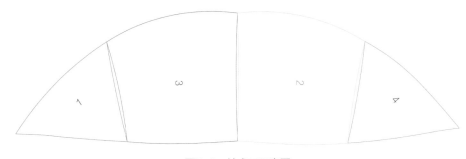

图5-8 技术二示意图

（3）技术三：提取拼接图的四周边界，为了隐藏钢骨架，做下部边界的放大处理（图5-9）。

图5-9　技术三示意图

（4）技术四：放量到托膜板和弹性收量处理（图5-10）。

图5-10　技术四示意图

根据周边节点的放量值，放出膜片裁剪边界线。然后再根据膜材的弹性模量。得到张拉收缩量，得到收缩后的膜片边界。

（5）技术五：成图和排版（图5-11）。

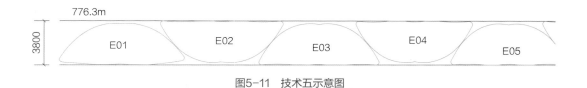

图5-11　技术五示意图

5.2.3　异形单元膜材分析

为了构造合理的膜面形状，达到灵巧轻盈的效果，膜面张拉需要采用合理的预张力控制。首先，采用圆管骨架作为硬边界，构建膜面模型，然后定义膜材特性、膜面经纬向等参数，根据裁剪要求，膜面不可有拼缝，只能有一片膜，按排板方向，水平方向为经向，竖向为纬向。为得到合适的形状，经过反复比对，确定膜面的预张力经向为2.5kN/m，纬向为4.5kN/m，找形所得异形膜材如图5-12所示。

因立面单元膜的尺寸较小，不需计算裁剪收量，按找形展平图直接进行裁剪，但需准确考虑膜面节点放量，包括膜材收边焊接需要的宽度、绕过圆管隐藏式龙骨设计需要的长度等细节尺寸，确保膜材的尺寸准确。

通过采用各种先进软件，不断调整膜面经向和纬向的初始拉力，反复找形和展平，通过多次试验，采用膜片的找形和展平工艺方式，应用对应的裁剪技术完成膜材单元的下料。保证类似多曲面单元膜的找形精准。

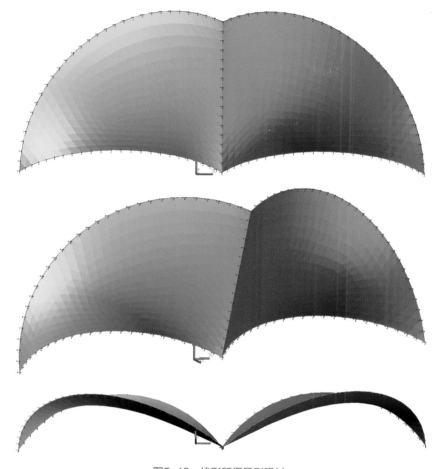

图5-12　找形所得异形膜材

5.3　单元膜结构张拉成型技术

体育场工程立面共计972个"白鹭"单元，其中标准单元600个，异形单元372个，为保证安装精度，采用单元膜钢骨架拼装技术。首先所有环梁和"白鹭"单元均采用Tekla软件进行放样，Tekla放样的基础为犀牛模型通过参数化建模得到的环梁中心线和"白鹭"单元骨架中心线，以及主体钢结构外环斜柱的模型。Tekla软件精确绘制出所有连接板和螺栓孔，尤其是环梁和白鹭单元连接处的连接板。地面拼装胎架按照环梁连接板位置进行设计，将圆管钢骨架按照放样、固定好的地面胎架进行精确拼装，每个连接点的位置均进行精确控制，确保单元在空中顺利安装。

5.3.1　杆件加工制作

根据结构分析确认各杆件截面，结合建筑曲线确定膜骨架曲率后，在工厂进行三维放样，双曲拉弯。

加工制作后，将膜单元进行预拼装，并校核各个节点释放情况，同时对螺栓孔位、销轴孔位等进行校对。

5.3.2 异形骨架现场拼装

膜骨架到现场后，在胎架上进行组装。预先在地面做好骨架拼装使用的胎架，将运输到现场的弧形梁进行预拼装，拼装均采用螺栓点对点连接。同时校核拼装后各弧形梁的曲率及定位，为后期膜材的张拉做准备。

为保证安装精度，采用多曲面异形钢骨架地面装配技术。

在精确测量现场钢结构倾斜铰接斜柱锚固点螺栓眼的基础上，首先将所有环梁和"白鹭"单元均采用Tekla软件进行放样，Tekla放样的基础为犀牛模型通过参数化建模得到的环梁中心线和白鹭单元骨架中心线，以及主体钢结构外环斜柱的模型。Tekla软件精确绘制出所有连接板和螺栓孔，尤其是环梁和"白鹭"单元连接处的连接板。地面拼装胎架按照环梁连接板位置进行设计，将圆管钢骨架按照放样、固定好的地面胎架进行精确拼装，每个连接点的位置均进行精确控制，确保单元在空中的顺利安装。

现场1:1放样完成后，进行三维绝对坐标复合，进行微调整，对应点位允许偏差达到设计要求±10mm。现场弧形梁拼装如图5-13所示。

图5-13 现场弧形梁拼装

为适应设计要求的整体立面膜结构造型及倾斜铰接的钢结构柱的位移变动，在环向每隔3跨设置变形缝，采用变形缝处膜结构单元拼装技术。将变形缝处膜单元骨架设置为双半钢骨架形式，膜为整体单元。在变形缝处膜结构单元拼装时，发明了一种临时可拆卸工装夹具将双半骨架进行固定，夹具包括两个间距可调的夹持单元，分别通过两个弧形板夹持固定在单体膜单元的两个半骨架上。双半钢骨架连接板处采用长圆孔螺杆连接的方式进行固定，保证环向可伸缩变形的功能，也实现了预期建筑效果。

针对弧度较大的、变形缝处的钢骨架，胎架定位安装完成后，先进行预安装，二次精度调整后进行膜材张拉，保证三维坐标点位与模型一致。

5.3.3 多曲面单元膜结构张拉

工程立面膜为非标准的单元膜，其施工关键在于张拉工艺，确保每个点位的应力应变协调统一，满足膜材造型的要求。采用单片膜进行张拉的工艺，为把单片膜张拉到需要的曲面造型，更好地达到白鹭翅膀的灵动效果，需要采用特殊的张拉工艺：

（1）利用牵引装置将展膜平台上的PTFE膜片整体提升，首先是中线对齐，即膜片的中心线和骨架的中间竖杆对齐，并上下两端固定一节铝型材。

（2）采用临时固定的方式，把两边翼尖与骨架固定好，防止张拉时变位。

（3）对PTFE膜片进行张拉调整，采用上下弧形梁部位膜材对拉的方式进行张拉，从中线向两侧翼尖逐步张拉固定，将PTFE膜片边界采用橡胶棒封边处理后，在橡胶棒内侧采用不锈钢螺栓、铝合金压膜板、橡胶垫板等固定在钢骨架的托膜板上，使得PTFE膜片的各膜边与钢支架连接固定，直至张拉完毕满足设计要求。确保膜片的竖向"翅宽方向"拉力较大，水平"翅长方向"拉力较小。

（4）处理边角，包括上下边和翼尖位置的压膜处理。其中翼尖位置，专门做了弧形压板进行压膜施工，保证外观质量。

（5）采用膜材龙骨隐藏式设计，在膜材张拉时，把膜材拉结点绕到钢管的后方进行压膜板与托膜板螺栓连接，正视、远观时，看不到压膜节点的铝条和螺栓，保证了建筑效果。

5.3.3.1 膜材展开初步固定

工厂预制好的单片膜材（膜材片中无任何拼接缝）到现场后，膜骨架完成组装后，根据定位角标初步展开至各个弧杆边界。连接膜材张拉的工装，同时初步展开膜材。

采用膜材龙骨隐藏式设计，在膜材张拉时，把膜材拉结点绕到钢管的后方进行压膜板与托膜板螺栓连接，正视、远观时，看不到压膜节点的铝条和螺栓，进一步贴近建筑"白鹭"效果。膜材现场逐步展开及初步固定如图5-14所示。

图5-14　膜材现场逐步展开及初步固定

5.3.3.2 张拉成型

膜面提前在工厂里做了预应力张拉，现场施工时按照工厂预张拉时的张拉力进行膜面张拉才算合格。除了预应力之外，膜面张拉的另一个关键因素就是次序。首先是在"翅膀"骨架中间定位，然后在两端也就是两个"翅膀"尖端定位，最后在上下四个边定位。定位完成后再重新压边，先压一条边，然后往外张拉，拉到所有定位点才算合格。如果张拉次序出错，就不能很好地与骨架紧实贴合，造型效果就很难出来，所以在施工过程中要严格按照设计好的次序进行张拉。

（1）应用多曲面异形骨架膜张拉技术，为把单片膜张拉到需要的曲面造型，更好地达到"白鹭"翅膀的灵动效果，需要采用特殊的张拉工艺：

1）张拉时，首先采用临时固定的方式，先把两边翼尖与骨架固定好，防止张拉时变位。

2）对PTFE膜片进行张拉调整，采用上下弧形梁部位膜材对拉的方式进行张拉，从中线向两侧翼尖逐步张拉固定，将PTFE膜片边界采用橡胶棒封边处理后，在橡胶棒内侧采用不锈钢螺栓、铝合金压膜板、橡胶垫板等固定在钢骨架的托膜板上，使得PTFE膜片的各膜边与钢支架连接固定，直至张拉完毕达到设计要求。确保膜片的竖向"翅宽方向"拉力较大，水平"翅长方向"拉力较小。

3）处理边角，包括上下边和翼尖位置的压膜处理。其中翼尖位置，专门做了弧形压板进行压膜施工，保证外观质量。

（2）各个膜单元进行对应位置的节点张拉初步完成后，需进行预张力的均匀分布，膜材的张拉分级分次进行，且需静置一天后重新进行受力微调整。

（3）膜材料为弹塑性材料，材料的力学性能通过膜材的变形进行反算，通过膜材张拉后的曲率从形态上判别膜材的预张力。膜材张拉过程如图5-15所示。

（a）拉紧器安装，顺序张拉

（b）单元膜材进行预张力检查

图5-15　膜材张拉过程

5.3.4 隐蔽式龙骨措施

为最大限度保证"白鹭"的建筑效果，钢骨架设计施工时，研发一种新的施工方式，在保证膜材张拉平整、固定牢固的前提下，将膜骨架隐藏至膜面后方。

为了美观，避免钢结构外漏，立面膜从外面向内反包，保证外立面效果。立面膜结构压膜做法如图5-16所示，立面膜三维模型如图5-17所示，隐藏式龙骨如图5-18所示。

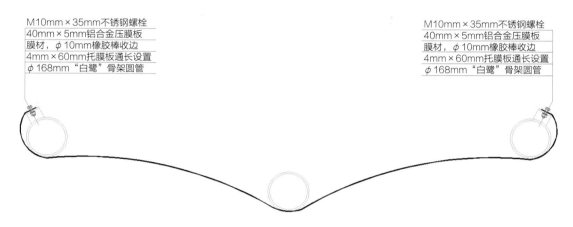

M10mm×35mm不锈钢螺栓
40mm×5mm铝合金压膜板
膜材，φ10mm橡胶棒收边
4mm×60mm托膜板通长设置
φ168mm"白鹭"骨架圆管

M10mm×35mm不锈钢螺栓
40mm×5mm铝合金压膜板
膜材，φ10mm橡胶棒收边
4mm×60mm托膜板通长设置
φ168mm"白鹭"骨架圆管

图5-16　立面膜结构压膜做法

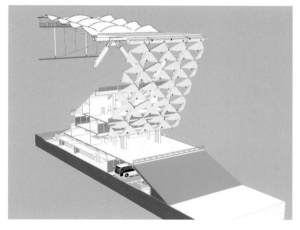

图5-17　立面膜三维模型

图5-18　立面膜隐藏式龙骨

通过对托模板位置、双曲面骨架造型的优化及"翅膀"尖端部位的圆弧压膜片等的细部节点的创新性调整，达到了建筑设计的造型要求和效果，更好地展现了"白鹭"的轻盈、灵动的设计理念。

通过提出一种特殊的针对性张拉工艺，将中线对齐，翼尖临时固定后，先同时对拉上下弧形圆管部位膜材，从中线向两侧翼尖逐步张拉，将PTFE膜片边界采用橡胶棒封边处理后，在橡胶棒封边处采用不锈钢螺栓、铝合金压膜板、橡胶垫板等固定在钢骨架的托膜板上，最后处理边角的整体张拉工艺，保证了膜材张拉力符合设计要求且受力均匀，达到了预期的整体效果。

5.4 单元幕墙安装技术

膜结构幕墙整体为972片单元骨架膜装配式组合成外的围护幕墙系统，主要采用9条环形适应性变形钢围檩将全铰接幕墙柱与一个个骨架单元膜联系在一起，水平成环，上下错位排列。其中起到主要受力构件的幕墙柱，为钢结构的外环支撑结构，钢结构外环总周长为870m，外环柱为72根鱼腹式全铰接倾斜方柱，外环柱间距10~15m，高度33m。因主体钢结构为倾斜、全铰接的设计构造，并与轮辐式索结构共同受力形成的动态稳定的钢索结构，膜结构幕墙的整体环向适应性变形的设计施工为装配式安装的重难点。立面膜依附的钢结构主体如图5-19所示。

图5-19　立面膜依附的钢结构主体

设计一种变形缝节点，可实现在保证膜结构幕墙整体"白鹭"造型的基础上，做到适应钢结构的变形。以完成的钢结构形态为基础，对三维模型进行模拟，将单元膜结构的特征点生成三维坐标进行1:1放样来指导现场吊装。

同时，幕墙膜结构由于材质的原因，膜面在张拉完后不能有焊接等动火作业，因此所有的动火作业要全部在地上完成。一个"白鹭翅膀"在中间和两端共设有四处固定点，每个固定点精确度要求一致。

膜单元完成地面膜骨架及膜材的安装后，进行原位吊装，采用高强度螺栓连接。

一个"白鹭"膜单元在中间和两端共设置四处固定点，中间两个固定点通过短柱采用高强度螺栓与横梁连接，两端固定点利用相邻膜单元短柱进行螺栓连接。吊装及完成效果如图5-20所示。

变形缝处膜单元骨架为双半钢骨架形式，膜为整体膜片。研发一种创新型临时可拆卸工装夹具（图5-21）以实现该处膜单元拼装。

每个"白鹭"单元使用4组夹具临时固定。该夹具通过两个间距可调的夹持单元将双半骨架进行固定，夹持单元采用可调长圆螺杆进行连接固定，便于安装过程中的误差调整。双半骨架及单元膜采用夹具在地面整体组装，吊装固定于横梁后拆除工装。变形缝处构造节点如图5-22所示。

图5-20 吊装及完成效果

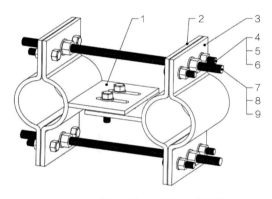

图5-21 创新型临时可拆卸工装夹具

1—中间连接板；2—内夹板；3—外夹板；4—M16mm×60mm螺栓；5—M16mm螺母；6—M16mm平垫；7—M20mm×500mm螺杆；8—M20mm螺母；9—M20mm平垫

变形缝处钢骨架组拼安装工序：先将两个钢板骨架定位固定于胎架上，中间连接板和内夹板焊接成一个内夹板组装部件，与外夹板将两个半"白鹭"骨架，通过螺杆等连接组装成1个组合"白鹭"单元骨架，1个组合"白鹭"单元骨架需要4组工装夹具连接固定。变形缝钢骨架预安装、待吊装如图5-23、图5-24所示。

总结：采用单元膜钢骨架拼装技术，首先将直线段、变曲率弧形段所有环梁和"白鹭"单元进行放样，地面拼装胎架按照放样的环梁连接板位置进行设计，将圆管钢骨架按照放样、固定好的地面胎架进行精确拼装。幕墙膜整体施工完成效果图如图5-25所示。

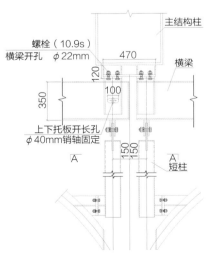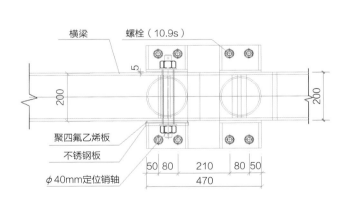

图5-22 变形缝处构造节点

图5-23　变形缝钢骨架预安装　　　　　　　　　　图5-24　变形缝钢骨架待吊装

图5-25　幕墙膜整体施工完成效果图

技术主要将单元膜的钢骨架及膜材进行地面组装张拉后，装配式安装达到整体建筑效果。在变形缝处膜结构单元的拼装时，设计为双半钢骨架形式，膜为整体单元。创新应用一种临时可拆卸工装夹具将双半骨架进行固定，夹具包括两个间距可调的夹持单元，分别通过两个弧形板夹持固定在单体膜单元的两个半骨架上。通过精确放样安装、高空装配式吊装、变形缝节点处理等方式完成单元膜结构幕墙安装，达到了建筑效果。

5.5 小结

工程外立面为"白鹭"形状多规格膜单元，建筑外形弧度不一致，由22种规格，972个骨架式PTFE膜单元组成，膜单元环向呈"品"字交错排列，双曲面骨架、膜面裁切、定位安装难度大。创新应用多曲面单元幕墙PTFE膜结构装配式安装技术，提高了多曲面单元幕墙膜结构安装效率，保证了建筑效果。运用多曲面单元膜找形裁剪、多曲面单元膜张拉等技术，实现了多曲面单元幕墙PTFE膜结构的高效、精准安装。该项技术成果成功申请发明专利2项，实用新型专利2项，海南省工法1项。

第6章

大面积不锈钢金属屋面
施工技术

6.1 不锈钢金属屋面概况

三亚市体育中心体育场采用大面积矮立边不锈钢连续焊屋面作为钢结构屋面罩棚，依附于倾斜铰接柱-平面环桁架支撑钢结构上。工程为异形环状屋面，外边缘为不规则五边形，内边缘为四段圆弧组成的四心圆，每处屋面宽度、坡度均不同，环宽8~38m，包括不锈钢金属屋面系统、檐口系统、天沟系统等。屋面总面积约为3.19万m²，其中直立锁边不锈钢焊接屋面系统面积为1.7万m²、檐口系统面积为1万m²、天沟系统面积为4900m²。

新颖的不锈钢金属屋面设计做法层自下而上依次为：钢结构主次檩条、1.0mm厚YX75-200-600型镀铝锌压型钢板、1.2mm厚镀锌钢平板、1.5mm厚TPO防水卷材、5mm厚黑色隔声泡棉、0.6mm厚445J2高纯铁素体不锈钢25/425mm型屋面板、160μm氟碳喷涂防腐层。金属屋面轴测效果图如图6-1所示。

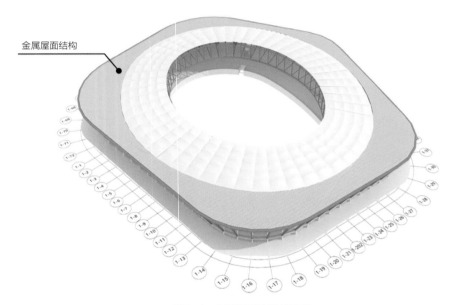

图6-1 金属屋面轴测效果图

6.2 不锈钢金属屋面抗风揭技术

本工程采用创新的构造设计、节点做法，并通过对屋面系统的各种试验、检测，验证了矮立边连续焊接金属屋面的抗风揭性能优良。在金属屋面结构设计和施工过程中，主要应用以下新技术。

6.2.1 不锈钢金属屋面体系设计

工程连续焊接不锈钢屋面系统是我国学习其他国家先进技术，结合我国国情及相关规范要求，进行了部分改进应用于工程实际的一种屋面系统。新型屋面系统从技术基础方面保证了金属屋面耐久、抗风、防渗漏的性能。

6.2.1.1 新型抗风揭屋面系统

工程新颖的不锈钢金属屋面做法层自下至上依次为：钢结构主次檩条、钢管支撑结构、高频焊接型钢、1.0mm厚YX75-200-600型镀铝锌压型钢板、1.2mm厚镀锌钢平板、1.5mm厚TPO防水卷材、5mm厚黑色隔声泡棉、0.6mm厚445J2高纯铁素体不锈钢25/425mm型屋面板、160μm氟碳喷涂防腐层。新型抗风揭屋面系统模型图如图6-2所示。

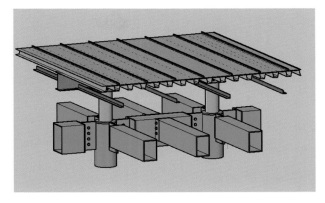

图6-2　新型抗风揭屋面系统模型图

（1）主支撑系统构造

工程金属屋面依附于倾斜铰接柱-平面环桁架支撑钢结构上。通过屋面型钢主次檩条钢结构及圆管支点进行受力转换。

主檩条分为一级主檩条和二级主檩条，材质为Q345B，采用8.8级M16mm承压型高强度螺栓连接，主要规格400mm×300mm×8mm、400mm×200mm×8mm、250mm×250mm×5mm方钢管，主檩条由钢管柱连接成主檩系统，一级主檩条沿屋面系统环向布置，二级主檩条沿屋面系统径向布置。主檩条布置图（部分）如图6-3所示。

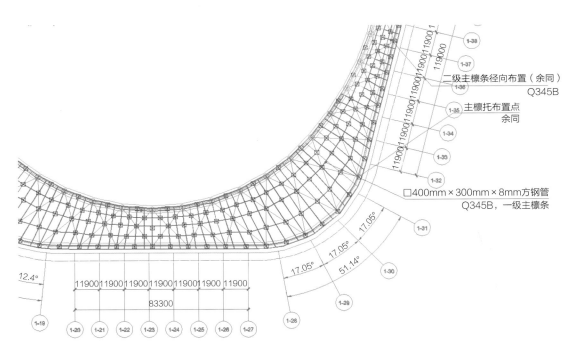

图6-3　主檩条布置图（部分）

主体钢结构与索结构形成主要支撑结构，由于采用了轴承交接支座和预应力索体，故主体钢结构会处于动态稳定状态。为适应主体钢结构的变形及屋面檩条系统的材料伸缩，也为了抵消主体钢结构的细微误差，连接点采用长圆孔的方式进行处理。支撑系统轴测图如图6-4所示。

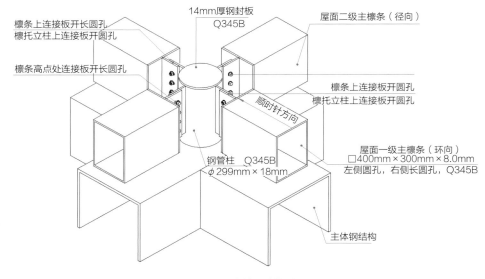

图6-4 支撑系统轴测图

（2）圆管支托及次檩条系统

金属屋面系统中，从主体钢结构转换为屋面系统支撑结构的关键在于圆管支托构造。该构造系统在转换受力的同时，支托高度也主要承担了屋面坡度的设计构造要求。圆管支托主要为ϕ180mm×10mm钢管，Q235材质，高度为160~1100mm之间，沿环向方向中间高，两边低的形式布置。

次檩条系统由主高频焊型钢及屋面拉条角钢构成，高频焊型钢檩条沿环向布置，天沟檩条与屋脊檩条之间等分布置，檩条间距≤3m。次檩条系统承担着金属屋面做法层主要的直接荷载，使屋面各类恒荷载、活荷载等均匀分散到主檩条、主体钢结构上。主要规格为H250mm×150mm×3.2mm×4.5mmQ345B高频焊型钢及∟50mm×3.0mmQ235B角钢，高频焊型钢在支托部位采用10号槽钢加强C级普通螺栓固定，为适应变形及误差，螺栓孔设计为长圆孔。次檩条布置图（部分）如图6-5所示，主次檩条及支托构造三维图如图6-6所示。

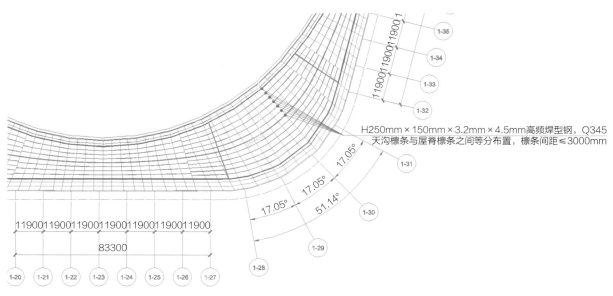

图6-5 次檩条布置图（部分）

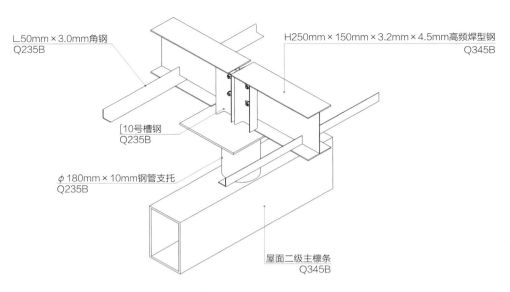

图6-6　主次檩条及支托构造三维图

（3）压型钢板层

设计采用1.0mm厚镀铝锌压型钢板，板型YX75-200-600，波高75mm，波峰距离200mm，双面镀铝锌量为100g/m²，材质为TS250GD+AZ。压型钢板横剖图如图6-7所示。

压型钢板纵向搭接点设计在次檩条高频焊型钢处，采用φ6.3mm×25mm锌铝合金碳钢涂层螺栓间距200mm固定，保证了整体压型板面层的稳固的受力。该做法层为保证屋面系统的整体连续性的基础层，将屋面均布荷载通过压型钢板层转换为线荷载，保证了力的传递合理性。压型钢板支撑系统三维图如图6-8所示。

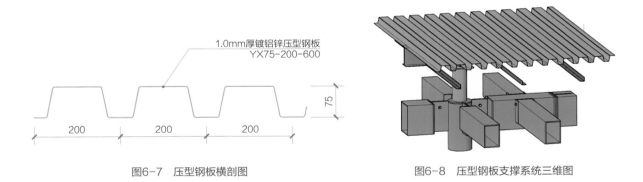

图6-7　压型钢板横剖图　　　　　　　　　　图6-8　压型钢板支撑系统三维图

（4）钢平板层

采用1.2mm厚镀锌钢板，双面镀锌量为90g/m²，材质为TDC51D+Z。其主要作用为防水卷材基层、固定片持力层，同时加强了抗风揭屋面板的整体性。钢平板层三维图如图6-9所示。

（5）TPO防水层

采用1.5mm厚TPO防水卷材，使用热风焊机进行热合成整体防水层，与钢平板层之间进行固定，采用专用胶粘剂满粘和机械固定配合。

主要为屋面防水加强层，细部防水附加层保证了屋面系统零渗漏。TPO防水层及拉结件布置图如图6-10所示。

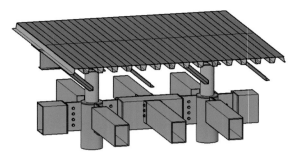

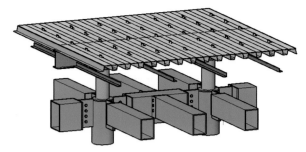

图6-9　钢平板层三维图　　　　　　　　　　图6-10　TPO防水层及拉结件布置图

（6）泡棉隔声层

采用5mm厚黑色隔声泡棉，密度≥25kg/m³。

本做法主要考虑金属屋面为敞开式屋盖结构、屋面系统贴近观众看台、三亚地区多暴雨多台风的季候情况，为了减轻风雨对屋面的拍击声影响观众观看效果而设计。泡棉隔声层构造做法图如图6-11所示。

（7）屋面层

屋面层为直立锁边连续焊屋面体系矮立边类型。采用0.6mm厚445J2高纯铁素体不锈钢，面板规格为25/425mm，所有板缝采用自动焊接设备进行连续焊接密封固定，实现整体防水、抗风，保证雨水即使漫过板肋或接缝也不会发生渗漏。该屋面板为构造防水，通过轧制的方式生产，基板稳定性好，粗糙度满足：$1 \leqslant Ra \leqslant 2$，$RPC > 90$，180°折弯不开裂。屋面板基材合金为445J2高纯铁素体不锈钢，表面氟碳处理。新型固定支座为304不锈钢材质，由0.5mm厚拉结件与1mm厚固定件组合而成。屋面层三维轴测图如图6-12所示。

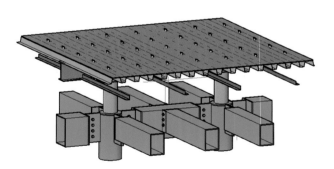

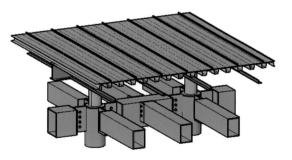

图6-11　泡棉隔声层构造做法图　　　　　　　图6-12　屋面层三维轴测图

不锈钢连续焊接屋面板是通过专用的全自动焊接设备将已经成型并扣合的不锈钢屋面板进行焊接而成的，焊缝位于屋面板的立边部位。由于不锈钢屋面材料具有可焊性、强度高、耐腐蚀性强、抗风能力强、防水性能好等特点，解决了现阶段其他金属屋面抗风能力不足、防漏性能不佳、屋面面板材料及涂层耐久性差等问题。

6.2.1.2　防水、防腐设计

（1）直立锁边不锈钢焊接屋面采用金属屋面防水板系统。屋面板为1.0mm厚连续焊接不锈钢板，采用连续焊接设备焊接密封、固定，实现屋面整体防水。

金属屋面标准构造层从上到下依次为（图6-13）：

①0.6mm厚不锈钢连续焊接屋面板（氟碳喷涂）。

②5mm厚隔声泡棉。

③1.5mm厚TPO防水卷材。

④1.2mm厚找平镀锌钢板。

⑤1.0mm厚镀铝锌压型钢板。

⑥屋面檩条。

⑦主钢结构。

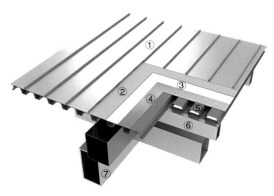

图6-13　金属屋面标准构造层示意图

（2）为适应海南岛屿气候高温、高盐、高湿的特点，在完成直立锁边连续焊接整体屋面防水面层后，对其整面表面进行环氧富锌底漆及氟碳喷涂面漆处理，达到加强防腐的目的。恶劣条件下为了加强涂层附着力，对屋面板进行波纹处理，加大粗糙度。不锈钢连续焊屋面板自动焊接如图6-14所示，屋面板的波纹处理如图6-15所示。

图6-14　不锈钢连续焊屋面板自动焊接

图6-15　屋面板的波纹处理

（3）为适应海南岛屿气候高温、高盐、高湿的特点，在各构件、构造做法层均考虑防腐设计，以提高金属屋面耐久性，在兼顾美观效果的同时，保证构造的稳固抗风揭及防水密封要求。

1）主次檩条支撑系统

在构件表面处理完成后，涂刷环氧富锌底漆80μm，快干环氧中间漆160μm，丙烯酸面漆60μm。达到防腐年限5年以上的目的。

2）压型钢板采用镀铝锌涂层，双面镀铝锌量100g/m²，材质为TS250GD+AZ，表面聚酯PE油漆处理，膜厚20μm。达到防腐年限5年以上的目的。

3）钢平板采用镀锌涂层，双面镀锌量90g/m²，材质为TDC51D+Z。

4）屋面板采用445J2高纯铁素体不锈钢制作，表面喷涂环氧富锌底漆80μm，氟碳面漆80μm。固定拉结支座为304不锈钢制作。

5）檩条连接采用镀锌螺栓组，压型钢板连接螺栓采用锌铝合金碳钢涂层螺栓，屋面板及钢平板连接采用410不锈钢束尾钉。螺栓孔破坏涂层部位采用专用防锈漆涂刷补强。钢结构檩条防腐涂层检测如图6-16所示。

图6-16　钢结构檩条防腐涂层检测

6.2.2　直立锁边不锈钢屋面抗风揭连接技术

金属屋面抗风揭性能的关键在于整体面板的拉结受力合理性，工程地处三亚地区，高温环境会造成板材的伸缩变形，拉结件部位应力集中会造成拉结点破坏，所以屋面材料的防拉裂也尤为重要。

6.2.2.1　创新不锈钢支座节点

不锈钢连续焊接屋面系统是通过专用的全自动焊接设备将已经成型并扣合的不锈钢屋面板进行焊接而成的，焊缝位于屋面板的立边部位。在直立锁边连续焊的施工工艺下需要创新应用一种拉结固定件用于屋面板的受力转换。

屋面工程采用0.6mm厚445J2高纯铁素体不锈钢材质，面板规格为25/425mm，为直立锁边屋面体系矮立边类型。项目组创新应用一种拉结固定组合支座，其为304不锈钢材质，由0.5mm厚拉结片与1mm厚固定片组合而成，固定件与底部支撑的压型钢板采用不锈钢束尾钉连接，且拉住与屋面板焊接成整体的拉结件，间距300mm。拉结固定件尺寸轴测图如图6-17所示。

工程屋面系统为矮肋直立锁边不锈钢屋面，采用新型拉结固定组合支座（图6-18）有如下优势：

（1）采用304不锈钢材质，能与不锈钢金属屋面相适应，防腐耐久性好，性能易于焊接，受力稳定可靠。

（2）设计成固定件与拉结件组合的形式，便于批量加工制作。

（3）创新设计加工两个部件折边样式及防变形孔，拉结件尾翼采用焊接将固定件折边包住，使之可以有一定的活动量，有利于消除大面积板材的变形，优于整体连接件的受力。

（4）两个部件可以根据受力特点进行材料规格的使用，在保证受力的情况下，优化了厚度、尺寸，减少材料用量。

（5）折边尺寸与矮立边不锈钢屋面板折边相配套，相邻每片不锈钢压型屋面板折边与固定支座拉结

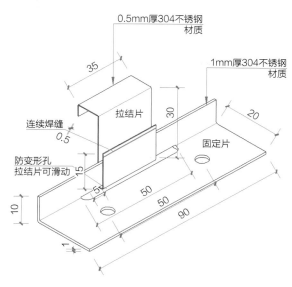

图6-17 拉结固定件尺寸轴测图

图6-18 新型拉结固定组合支座

件相互扣压后进行立边咬合，采用专业直立锁边自动焊机侧边连续焊接密封固定，组合拉结固定件可完美适应焊接要求，达到整体屋面防水、抗风揭的目标，保证雨水即使漫过板肋接缝也不会发生渗漏。

6.2.2.2 不锈钢支座排布与安装

工程不锈钢支座为成品配套支座，在加工厂批量生产并组合安装连续焊成整体后，用于现场安装。支座固定片采用防水束尾钉固定于1.2mm厚镀锌钢平板上，防水束尾钉为不锈钢材质，每个固定片使用2颗。支座排布按照纵向沿压型屋面板长度每隔300mm固定，横向间距为屋面板宽度425mm固定，呈梅花形布置。

（1）支座安装按照"随固定、随检验、随铺板、随咬合，屋面板逐条铺设固定"的原则进行。

（2）本工程的屋面板支座安装工序在铺设屋面隔声泡棉后进行，施工工艺主要为：测量放线→第一排支座安装固定→隐蔽检查验收→第一榀屋面板折边扣压支座→板肋咬合连续焊→第二排支座扣压第一榀屋面板折边→隐蔽检查验收→第二榀屋面板折边扣压支座→……→整体屋面板拉结完成。

拉结固定支座纵、横剖面图如图6-19、图6-20所示。

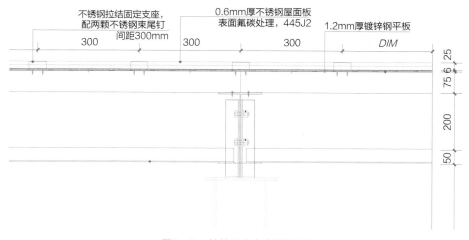

图6-19 拉结固定支座纵剖面图

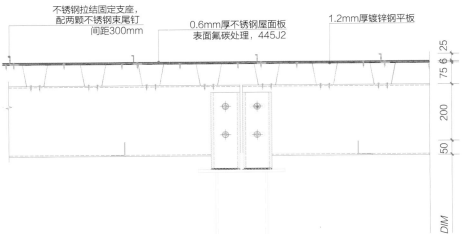

图6-20 拉结固定支座横剖图

（3）重要控制点

不锈钢面板固定支座是将屋面风载传递到底板的受力配件，它的安装质量直接影响到屋面板的抗风性能。

安装不锈钢固定支座时，采用全站仪，将轴线引测到TPO防水卷材上，作为不锈钢支座安装的横向控制线，并测量放线弹出每个固定支座位置。

固定支座的测量，还应该注意支座安装的直线度、平行度及间隔支座的高差控制。

第一排不锈钢固定支座安装最为关键，将直接影响到后续固定支座的安装精度。因此，第一排固定支座位置要多次复核，其固定支座间距应采用标尺确定。屋面固定支座安装施工如图6-21所示。

图6-21 屋面固定支座安装施工

6.3 大面积金属屋面防水排水技术

钢结构金属屋面为异形环状屋面，外边缘为不规则五边形，内边缘为四段圆弧组成的四心圆，每处屋面宽度、坡度均不同，包括不锈钢金属屋面系统、檐口系统、天沟系统等。屋面总面积约为3.19万m^2，其中不锈钢焊接屋面系统面积为1.7万m^2、檐口系统面积为1万m^2、天沟系统面积为4900m^2。

工程地处三亚市，多台风暴雨，屋面面积体量较大，金属屋面作为敞开式屋盖结构，其下方主要为体育场二层疏散平台，人员密集。屋面构造层次复杂，屋面与天沟处收口、屋脊等部位的连接区域易形成渗漏，合理设计有组织排水及保证屋面的密闭性、防水性能是工程的关键。

6.3.1 整体屋面板防水及有组织排水技术

6.3.1.1 屋面防水构造

主要采用连续焊接压型不锈钢屋面防水板作为整体防水面层，压型板折边相互扣接并焊接成整体，保证雨水即使漫过板肋接缝也不会发生渗漏。为适应金属屋面的机械固定方式，加强屋面防水，增加一道1.5mm厚TPO防水卷材热熔焊接成整体。环向屋脊处设置倒几字形折件与300mm宽不锈钢泛水板配合进行防水处理。

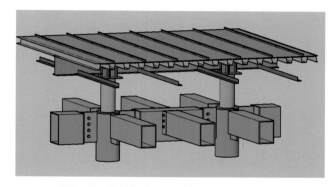

图6-22 连续焊接压型不锈钢屋面防水板构造

（1）0.6mm厚445J2高纯铁素体不锈钢25/425mm型屋面板作为主要防水构造层，采用直立锁边连续焊接技术，使屋面板形成整体防水板。连续焊接压型不锈钢屋面防水板构造如图6-22所示。

采用进口屋面加工及焊接系统，在工地现场辊压成型屋面板，避免受板材运输的限制，通长生产使屋面无接缝。同时保证屋面板出板的准确性，不出现回弹。屋面板咬口加工精度、焊接密闭性高。屋面系统机械加工精度可保证此部位防水性能。国产数控滚压一体成型机如图6-23所示，连续焊工艺焊缝成型效果如图6-24所示。

图6-23 国产数控滚压一体成型机

图6-24 连续焊工艺焊缝成型效果

为达到零渗漏的屋面质量目标，项目组联合各方进行全数的连续焊缝检查，并经雨水冲刷试验检验严密情况（图6-25）。

（2）屋脊防水节点

金属屋面环形屋脊线处，采用新颖的构造防水设计。因屋脊线部位需设置避雷带，故圆钢穿孔部位先做防水加强层。屋脊部位TPO防水加强层如图6-26所示，人工热风焊机热合如图6-27所示，耐候密封胶封堵如图6-28所示。

图6-25　直立锁边连续焊缝检查

图6-26　屋脊部位TPO防水加强层

图6-27　人工热风焊机热合

图6-28　耐候密封胶封堵

对转角、阴阳角、防雷圆钢等节点处，采用预制件附加层热合密封的方式进行处理。尤其屋脊处的避雷圆钢，数量较多，防水隐患较大，为能够更好地贴合基层，在整体防水层上方附加一层ϕ200mm的穿孔圆钢片，穿孔部位打密封胶，进行加强层热合。防雷圆钢处加强层处理如图6-29所示。

加强层完成后，采用倒几字形镀铝锌折件进行不锈钢屋面板边界搭接，使屋面板伸入到折件翼缘下部，起到雨水顺坡往下流的作用。槽内及

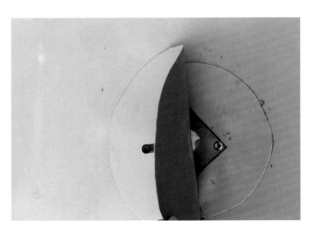

图6-29　防雷圆钢处加强层处理

翼缘下方填充发泡棒、发泡剂密封材料（图6-30）起到防水及支撑泛水板的作用。

最后扣压不锈钢屋脊泛水板，在矮立边肋的部位切槽卡入。为了加强防水性能，保证整体屋面板的零渗漏，泛水板四周与屋面板沿边界部位、避雷圆钢部位、泛水板搭接部位打密封胶。屋脊泛水板做密封处理如图6-31所示，屋脊防水构造如图6-32所示。

图6-30　槽内及翼缘下方填充泡沫棒、发泡剂密封材料

图6-31　屋脊泛水板做密封处理

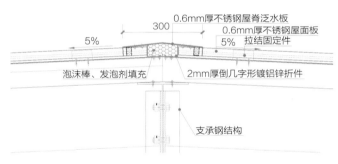

图6-32　屋脊防水构造

6.3.1.2　环状异形屋面有组织排水

大面积屋面排水系统主要由一条环向屋脊向场内外双向有组织排水至内外环天沟组成，在满足屋面美观要求的同时，将金属屋面矮立边肋作为汇水通道，肋高25mm，设计保证不低于5%的排水坡度。天沟主要由2mm厚不锈钢板焊接成整体环沟，并附加粘贴一层1.0mm厚TPO防水卷材热熔焊接成整体，全包收边至屋面板下沿。

屋面雨水沿屋面板肋流至内外环排水天沟后，通过虹吸雨水系统汇入体育场排水管网，虹吸雨水管按照每20～30m设置2处。同时，为避免当地台风暴雨极端天气造成的瞬时雨水量过大，在天沟处增加溢流孔管道，设置数量为虹吸雨水管的一半，防止雨水漫过天沟造成的渗漏散排。排水平面图如图6-33所示，外环天沟剖面图如图6-34所示。

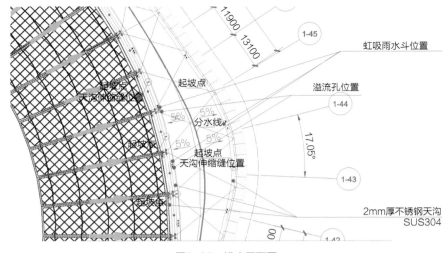

图6-33 排水平面图

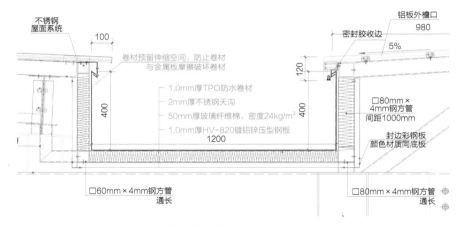

图6-34 外环天沟剖面图

6.3.2 TPO热塑性聚烯烃防水卷材施工技术

TPO热塑性聚烯烃防水卷材是一种采用先进聚合技术将乙丙（EP）橡胶与聚丙烯结合在一起的材料，在此基料基础上，加入化学组根剂，并采用先进加工工艺制成的片状可卷曲的防水材料，其具有耐候性、耐久性、可焊性、抗穿刺能力，以下简称TPO卷材。TPO卷材构造层示意图如图6-35所示。

为加强整体金属屋面防水效果，同时适应大面积不锈钢板的伸缩变形，采用TPO卷材，配合金属屋面支座固定方式及专用胶粘剂满粘的工艺方式固定，防水卷材增加纤维背衬。

TPO卷材单层屋面防水系统根据工程实际情况和设计要求，做成机械固定系统、满粘系统或卵石压顶系统，其中机械固定系统较为常见。体育场的金属屋面系统主要为满粘系统和机械系统固定相结合的方式。

在进行机械固定屋面防水系统施工前，项目组根据当地的气候条件、建筑物所处地区、历史

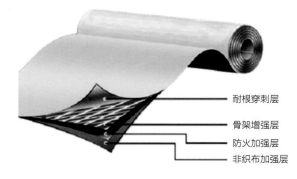

图6-35 TPO卷材构造层示意图

最大风速、建筑物的形状和高度等因素，结合国家相关标准计算出TPO卷材在屋面边区、角区和中心区所需固定件的数量和间距，保证了防水层能够有效抵抗风荷载的影响。

注意事项：

（1）在焊接TPO卷材搭接缝前，卷材接缝表面必须干净，表面无水珠、油污及脏物。对于沾染现场污垢的卷材搭接缝，应用配套清洁剂或清水清洗干净，并用干净的布擦干。

（2）TPO卷材的所有搭接缝均采用热风焊接，卷材铺设以形成连续、均匀、整体的单层屋面防水层。

（3）按计算好的固定件数量和间距，基层表面涂刷配套胶粘剂，待基层胶干燥至不粘手时，进行粘结合拢。

（4）在使用自动焊机焊接火面卷材接缝时，焊机的压力、温度和焊接爬行速度应视施工现场的温度和湿度而定。细部节点进行手工焊接操作时，手持焊枪温度控制在250～450℃，焊接速度为0.2～0.5m/min，焊接时用手持硅胶压辊压实，随铺随压。

（5）在操作过程中，切勿把基层胶粘剂涂刷在准备进行热风焊接的搭接缝部位。

（6）在热风焊接完成后应至少冷却30min后，方可使用专用焊缝探针进行质检。在所有TPO卷材露出聚酯织物胎体的切边上，挤涂切边密封膏密封。

（7）大面卷材铺设完毕后处理细部节点，做附加加强层焊接。

（8）整体屋面防水层采用淋水2h试验检验。

6.3.3　天沟排水及变形控制技术

体育场金属屋面雨水设计重现期为50年，降雨历时5min，屋面雨水按100年重现期雨水量校核，超过50年重现期的雨水由天沟溢流口、虹吸溢流雨水斗系统溢流排出。

工程天沟板伸缩缝采用结构式伸缩缝与柔性伸缩缝相结合的设计，并根据材料性能计算热位移变形量，预留天沟板伸缩空间，避免因伸缩设计不合理导致焊缝拉裂造成漏水。

为适应海南地区气候条件，避免不锈钢材料变形拉裂而破坏整体防水层，屋面材料每隔20～30m设置防水伸缩变形装置，天沟变形构造可适应当地高温气候，沿环向进行伸缩变形抗拉裂破坏。每个变形区段内设置2处虹吸排水装置及1处溢流排水装置，满足暴雨台风季瞬时雨量较大的汇水排水要求。天沟防水变形缝构造如图6-36所示。

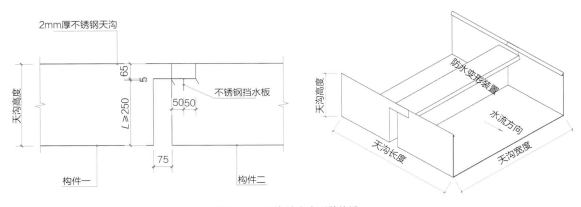

图6-36　天沟防水变形缝构造

金属屋面共计127个排水系统，内环天沟设计有88个虹吸雨水系统、88个溢流系统；外环天沟设计有39个虹吸雨水系统，无溢流系统。

因屋面依附于倾斜铰接柱—平面环桁架支撑钢结构上，屋面系统刚性连接的天沟与倾斜铰接柱刚性连接的排水管道采用管道变形补偿技术进行连接。天沟排水管道布置及变形补偿装置如图6-37所示。

图6-37 天沟排水管道布置及变形补偿装置

在极端情况下钢结构会产生3°左右的偏移量，体育场虹吸雨水系统管道为薄壁不锈钢管道，焊接连接；为避免钢结构在偏移时造成虹吸雨水管道断裂，现需将虹吸雨水管道及溢流管道增设柔性连接措施，用以抵消结构变形活动对管道连接产生的影响，补偿器的规格型号与管道相同，补偿量4cm。

通过以上防变形的控制技术，保证了屋面系统防水、排水的整体连续性，满足了零渗漏的要求。金属屋面轴测效果如图6-38所示。

图6-38 金属屋面轴测效果图

6.4 风洞测压试验及风致振动分析

6.4.1 试验简介及概况

风洞模拟试验是风工程研究中应用最广泛、技术也相对比较成熟的研究手段，其基本做法是，按一定的缩尺比将建筑结构制作成模型，在风洞中模拟风对建筑作用，并对感兴趣的物理量进行测量。

用几何缩尺模型进行模拟试验，其理论基础是相似律和量纲分析。相似律的基本出发点是，一个物理系统的行为是由它的控制方程和初始条件、边界条件所决定的。对于这些控制方程以及相应的初始条件、边界条件，可以利用量纲分析的方法将它们无量纲化，这样方程中将出现一系列的无量纲参数。如果这些无量纲参数在试验和原型中是相等的，则它们就都有着相同的控制方程和初始条件、边界条件，从而二者的行为将是完全一样的。从试验得到的数据经过恰当的转换就可以运用到实际条件中去。

根据试验目的的不同，建筑结构的风荷载试验可以分为刚性模型试验和气动弹性模型试验两大类。刚性模型试验主要是获取结构的表面风压分布以及受力情况，但试验中不考虑在风的作用下结构物的振动对其荷载造成的影响；气动弹性模型试验则要求在风洞试验中，模拟出结构物的风致振动等气动弹性效应。这两类试验目的不一样，因此试验中要求满足的相似性参数也有很大区别。气动弹性模型试验在模型制作、测量手段上都比较复杂，难度比较大，在桥梁、高耸细长结构的试验中运用较多。但是对于薄膜、薄壳、柔性大跨结构，它们的气动弹性模拟试验技术还是风工程研究中比较前沿的课题，还有很多问题有待解决，因而在实际的工程研究中运用比较少。

本试验属于刚性模型试验，需满足几何相似、动力相似、来流条件相似等几个主要相似性条件。

试验模型比例1:250；地貌类别B类；测点数量1010（其中双面测点505个）；风向角：10°为间隔，共36个风向角；基本风压：0.85kN/m²（50年重现期）。

6.4.2 试验装置与设备

大气边界层风洞与其他风洞的主要区别是它具有较长的试验段，可以通过布置粗糙元、尖劈等方法模拟出所需要的大气边界层剖面。本试验在中国建筑科学研究院风洞实验室进行。该风洞为直流下吹式风洞，全长96.5m，包含两个试验段。本试验在大试验段进行，试验段尺寸为6m宽、3.5m高、22m长，风速在1~18m/s连续可调。风洞外观和测控间如图6-39和图6-40所示。

根据风洞阻塞度要求、转盘尺寸及原型尺寸，试验模型缩尺比确定为1:250。模型根据建筑图纸准确模拟了建筑外形，以反映建筑外形对表面风压分布的影响。模型在风洞中的情况如图6-41所示。

试验中使用Dantec生产的恒温式热线风速仪配合单丝热线探头测量风速剖面，采样时间15s，采样频率1kHz。试验采用美国Scanivalve公司最新的电子压力扫描阀系统DSM4000（图6-42）对模型表面进行平均和脉动压力测量。试验中扫描阀的校准、测量均用微机控制。

试验风速14m/s，压力采样频率为400.6Hz，采样时间30s左右。所有测点的压力数据都是同步获得的。

图6-39　风洞外观

图6-40　测控间

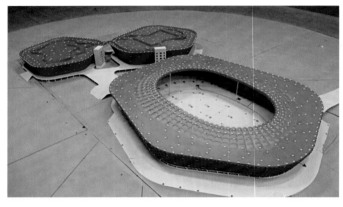

图6-41　模型在风洞中情况

图6-42　电子压力扫描阀系统DSM4000

6.4.3　试验内容

本次试验在现行国家标准《建筑结构荷载规范》GB 50009规定的B类地貌下进行。图6-43为在风洞中采用尖劈配合粗糙元的方法模拟得到的风速剖面。

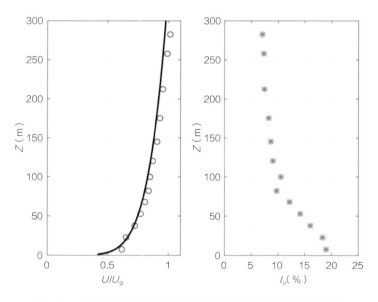

图6-43　在风洞中采用尖劈配合粗糙元的方法模拟得到的风速剖面

本试验测量了试验模型在不同风向角下的表面压力分布，从0°风向开始，每隔10°测量一次，获得了模型在36个风向角下的表面压力分布情况。

（1）测压数据分析方法

建筑物表面每个测点的压力都是随时间变化的随机量。可以将瞬时压力分为平均压力和脉动压力两部分，进行平均压力系数和脉动压力系数的计算。

由于风压存在一定的脉动，表面风压会出现大大高于平均压力的瞬时值。这样的情况可以用极值压力来考虑。极值压力可以由平均压力和脉动压力之和进行计算。

需补充说明的是，由于大气湍流并非完全的随机信号，且由分离流导致的负压时序，其概率分布远离正态分布，因此大多数情况下测点的压力时程具有正（或负）偏度，此时计算得出极限压力系数的实际概率保证水平可能是低于99.7%的。

（2）风荷载标准值的计算方法

现行国家标准《建筑结构荷载规范》GB 50009中规定，当计算主要承重结构时，在风荷载标准值的计算公式基础上，计算围护结构的风荷载时，公式的其他部分不变，只是风振系数用阵风系数代替，而风荷载体形系数变为局部风压体形系数。项目组设计时采用的基本风压根据现行国家标准《建筑结构荷载规范》GB 50009取值。

项目组在进行围护结构设计时，若仅考虑脉动风造成的瞬时压力增大影响，而不考虑结构风振的影响，在极值风压基础上叠加一定的内部压力值后可认为该值等于风荷载标准值，可用其进行围护结构设计。报告中给出的重现期极值压力已经根据规范要求包含了封闭结构内压值的影响。

6.4.4 试验结果

极值压力是考虑了风压脉动之后的风荷载值，相当于规范中用于围护结构设计的风荷载标准值。对每个测点，可以找出在所有风向下该点出现的风压极值的最大和最小结果。对于非直接承受风荷载且附属面积大于1m²的围护构件，可根据规范考虑面积折减系数。

风洞测压试验结果表明，建筑表面极值压力的变化范围是：-3.7 ~ 3.8kN/m²。

测点编号及风向角定义如图6-44所示，50年重现期极值压力（kN/m²）统计最大、最小值分布图如图6-45、图6-46所示，各角度风向角平均压力系数分布图如图6-47所示。

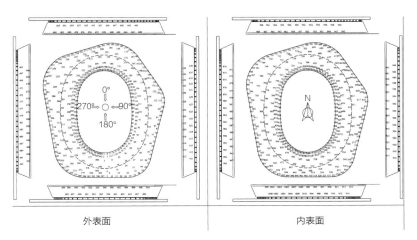

外表面　　　　　　　　　　　内表面

图6-44　测点编号及风向角定义

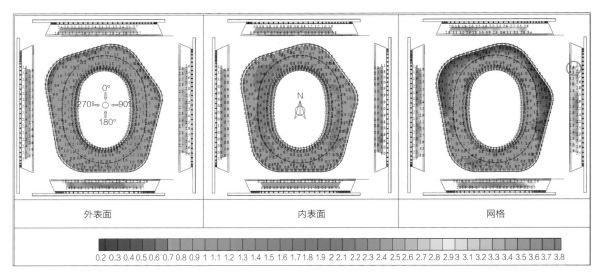

| 外表面 | 内表面 | 网格 |

0.2 0.3 0.4 0.5 0.6 0.7 0.8 0.9 1 1.1 1.2 1.3 1.4 1.5 1.6 1.7 1.8 1.9 2 2.1 2.2 2.3 2.4 2.5 2.6 2.7 2.8 2.9 3 3.1 3.2 3.3 3.4 3.5 3.6 3.7 3.8

图6-45　50年重现期极值压力（kN/m²）统计最大值分布图

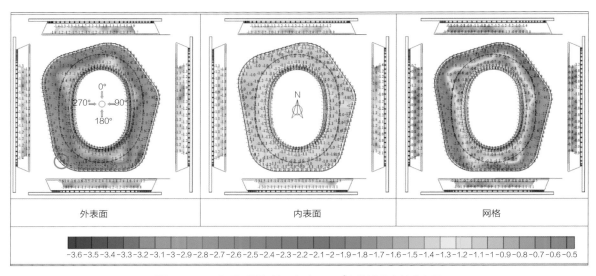

| 外表面 | 内表面 | 网格 |

-3.6 -3.5 -3.4 -3.3 -3.2 -3.1 -3 -2.9 -2.8 -2.7 -2.6 -2.5 -2.4 -2.3 -2.2 -2.1 -2 -1.9 -1.8 -1.7 -1.6 -1.5 -1.4 -1.3 -1.2 -1.1 -1 -0.9 -0.8 -0.7 -0.6 -0.5

图6-46　50年重现期极值压力（kN/m²）统计最小值分布图

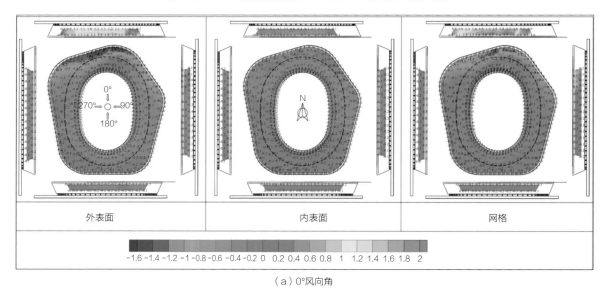

| 外表面 | 内表面 | 网格 |

-1.6 -1.4 -1.2 -1 -0.8 -0.6 -0.4 -0.2 0 0.2 0.4 0.6 0.8 1 1.2 1.4 1.6 1.8 2

（a）0°风向角

图6-47　各角度风向角平均压力系数分布图

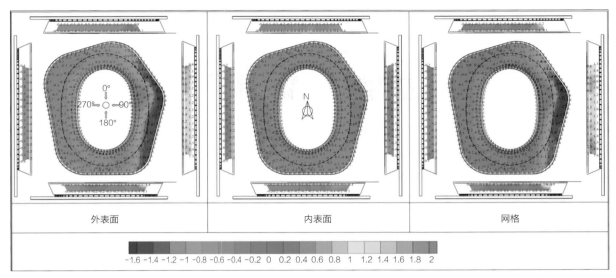

（b）90°风向角

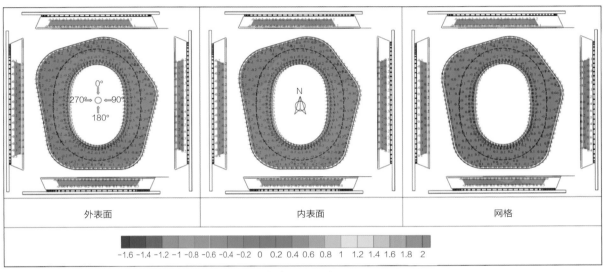

（c）180°风向角

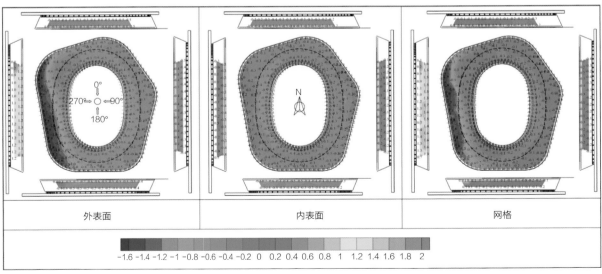

（d）270°风向角

图6-47　各角度风向角平均压力系数分布图（续）

6.4.5 风致振动分析

项目组结合风洞测压试验，分析了三亚市体育中心体育场模型的风致振动情况，得出风压1.05kN/m²的风荷载的参数取值及36个风向角，给出了100年重现期时结构等效静风荷载的数据。各风向等效静风荷载值表如表6-1所示。

各风向等效静风荷载值表   表6-1

风向角（°）	F_X（kN）	F_Y（kN）	F_Z（kN）	风向角（°）	F_X（kN）	F_Y（kN）	F_Z（kN）
0	−257.25	−15933.58	30088.95	140	−10071.54	9289.11	27390.72
20	−7725.65	−14956.21	29979.96	250	17308.13	4043.86	45064.23
30	−9552.06	−12208.94	29103.15	260	18080.02	3230.47	50248.74
70	−19854.80	−4138.74	46431.91	270	17047.90	1472.93	47278.72
80	−21302.97	−1642.74	50929.11	310	11560.82	−6772.67	29222.18
90	−20288.14	1470.42	**52680.80**	320	10411.84	−9127.84	26770.50
100	−16706.45	3836.10	45680.64	340	5697.97	−14387.75	28008.85
120	−13995.54	8078.05	43145.47	350	2344.75	−13263.27	25354.46

风振系数反映的是顺风向脉动风增大效应，根据选取的参考量，风振系数分为：荷载风振系数、位移风振系数、内力风振系数、应力风振系数。结合结构具体构造形式，项目组研究并分别计算了典型风向下的位移风振系数。

得出如下结论：所有风向下，建筑表面主要承受整体上吸风载作用，最大上吸作用出现在90°，达到52680.80kN。

表6-1的各风向等效静力风荷载可作为结构整体设计风荷载标准值的主要参考；基本约定如下：本报告中的压力正方向定义为垂直测量表面向内的方向，具体表现为，正值表示受到向内的压力，负值表示受到向外的吸力。

结构分析模型如图6-48所示。

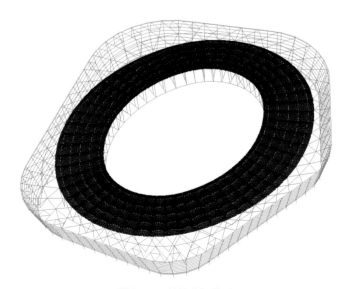

图6-48　结构分析模型

各风向角等效静力风荷载分布图如图6-49所示（kN/m²）。

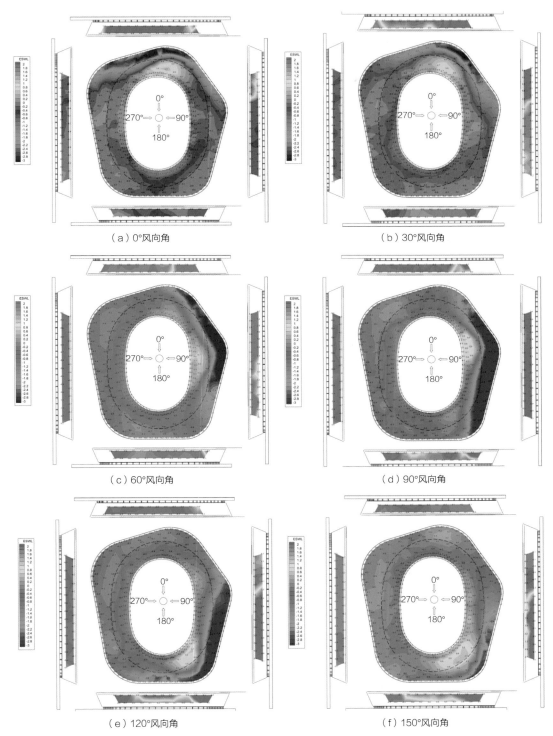

（a）0°风向角　　　　　　　　　　　　（b）30°风向角

（c）60°风向角　　　　　　　　　　　　（d）90°风向角

（e）120°风向角　　　　　　　　　　　　（f）150°风向角

图6-49　各风向角等效风荷载分布图

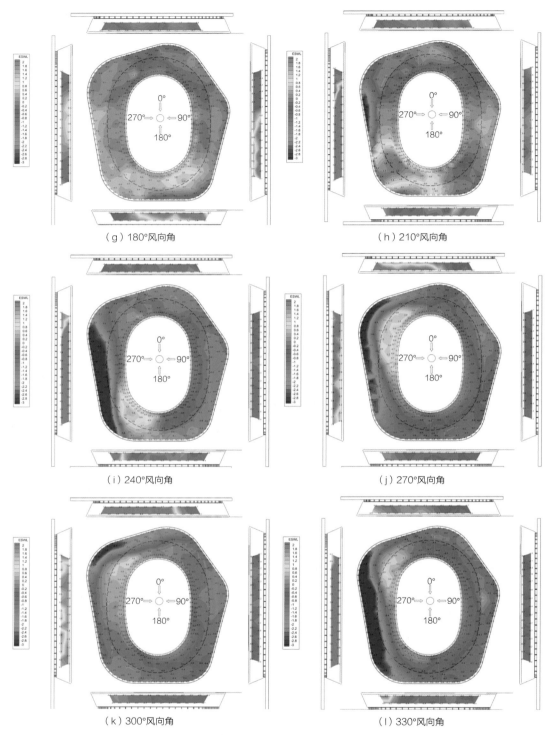

（g）180°风向角 　　　　　　　　　　（h）210°风向角

（i）240°风向角 　　　　　　　　　　（j）270°风向角

（k）300°风向角 　　　　　　　　　　（l）330°风向角

图6-49　各风向角等效风荷载分布图（续）

6.5 屋面抗风压性能检测

为保证大面积不锈钢金属屋面工程屋面系统的安全、耐久、适用性能要求，采用国内外较为严苛的物理性能检测方法，对屋面系统进行抗风揭模拟试验，以获取其抗风压、水密性能指标，为设计及施工提供合理依据。金属屋面系统构造图如图6-50所示。

6.5.1 测试试件制作

主要针对体育场风敏感区域金属屋面及外檐口铝单板屋面系统构造进行取样，选取与工程一致的屋面构造及材料进行测试。采用现场实际材料、构造、人员及施工工艺制作尺寸为7700mm×3860mm的一套金属屋面系统试件。

6.5.2 检测程序

金属屋面系统检测程序：动态抗风压+静态抗风揭测试。

（1）针对测试试件，直接在金属屋面上表面施加荷载，对屋面系统进行动态抗风压测试，检查试件，并记录检测结果。

（2）通过动态抗风压测试试件，经检查无受损或破坏，继续采用该试件，进行静态抗风揭测试，获得抗风极限承载力测试值，并记录测试结果。

6.5.3 荷载取值及评价标准

依据三亚市体育中心体育场风洞测压试验报告，风洞测压试验结果表明，建筑表面极值压力的变化范围是：$-3.7 \sim 3.8 kN/m^2$，极值负压较大。在建筑设计说明中，表述为：屋面表面极值风压最大值为$-3.7kPa$，风荷载标准值及测试荷载取值如下：

风荷载标准值取$w_s = -3.7kPa$。

（1）动态抗风压测试荷载取值（依据现行国家标准《钢结构工程施工质量验收标准》GB 50205计算）：

动态抗风压测试值应满足：$w_d = 1.4w_s = P$，试件无损坏，则判断试验通过。〔动态抗风压测试后试件无受损或破坏，则进行静态抗风揭测试〕。

（2）静态抗风揭测试荷载取值（依据现行国家标准《钢结构工程施工质量验收标准》GB 50205计算）：

静态抗风揭测试极限承载力值应满足：$K = w_u/w_s \geq 1.6$（w_u—抗风揭压力值），则判定试验通过。

6.5.4 检测设备

测试设备主要由喷淋系统及金属屋面抗风试验机组成，喷淋系统主要由管道、过滤器、增压泵、喷嘴系统组成，喷嘴系统是由63个喷嘴形成的网状结构，总体尺寸为2.4m（宽）×2.4m（长），喷嘴

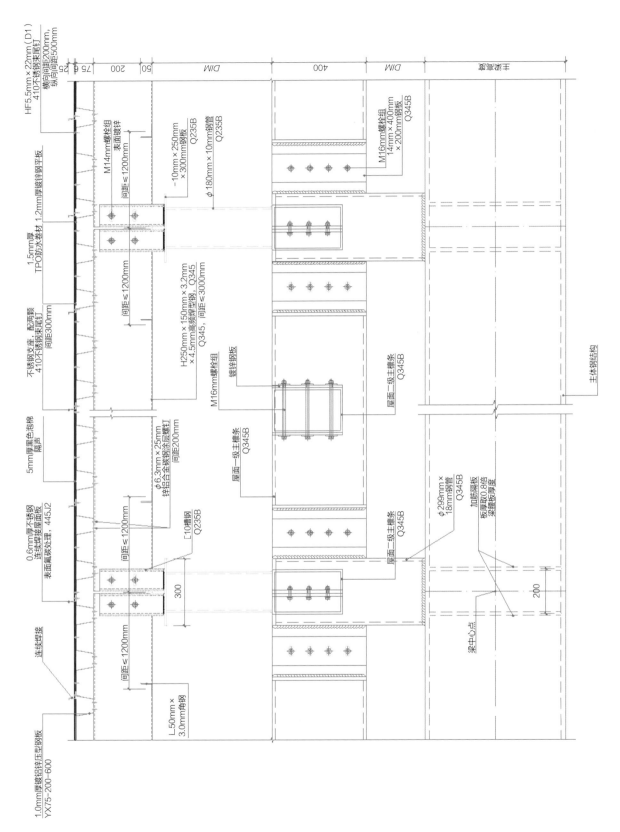

图6-50 金属屋面系统构造图

| 白鹭展翅 匠心智造——三亚市体育中心体育场高效建造关键技术

之间的距离为300mm，测试时将喷嘴系统固定在被测试屋面系统表面，开增压泵使管道内充水，形成喷雾淋雨，达到测试的目的，喷淋整体淋雨量不小于3.4L/m²·min。

喷淋系统符合美国现行标准《采用均匀静态空气压差分析外部金属屋面板系统防水漏性能的标准试验方法》ASTM E1646所述要求，即采用集液箱对喷淋系统流量进行校准，集液箱截面尺寸为600mm×600mm，平分为四个300mm×300mm截面的独立集液区，收集面距离喷淋系统喷嘴所处平面300mm处收集喷淋雨量，四个集液区收集雨量总和不小于1.26L/min，单个集液区内的收集量不小于0.25L/min并也不能大于0.63L/min。

采用的PBMJ-7738金属屋面抗风试验机是由测试压力箱体、风机管道、离心式风机及控制设备四部分组成。测试装置示意图如图6-51所示。

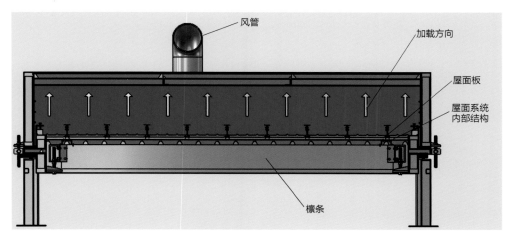

图6-51 测试装置示意图

测试箱体采用钢结构构件制作，分上、中、下三个独立单元，测试试件安装在上、下箱体之间的试件框中，并有相应的密封构造对其密封，在上箱体两侧还设置了四个观测视窗，内部安装照明及摄像装置。

上、下箱体分别由独立的风源产生机构在各自的箱体内产生相应的风力模拟。其中，上部箱体可以根据试验要求在其内部产生具一定频率的脉冲风吸力或风压力；下部箱体也可根据试验要求产生一定均匀的风吸力或风压力，并且箱体都配备了高精度压力采集设备，精度等级可以达到0.05级，可以精确测量箱体压力。

整套设备能满足气密性、水密性及抗风承载力测试的要求。

6.5.5 检测方法

（1）动态抗风压性能检测

1）波动压力差周期为（10±2）s，如图6-52所示。

2）动态风荷载应取1.4倍风荷载标准值，即$w_d = 1.4w_s$。

3）测试步骤：

①对试件下部压力箱施加稳定正压，同时向上部压力箱施加波动的负压，待下部箱体压力稳定，且上部箱体波动压力达到对应值后，

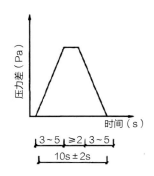

图6-52 一个周期波动压力示意图

开始记录波动次数。

②波动负压范围应为负压最大值乘以其对应阶段的比例系数，波动负压范围和波动次数应符合波动加压顺序的规定。波动加压顺序如表6-2所示。

波动加压顺序 表6-2

第一阶段	加压顺序	1	2	3	4	5	6	7	8
	加压比例w_d（%）	0~12.5	0~25.0	0~37.5	0~50.0	12.5~25.0	12.5~37.5	12.5~50.0	25.0~50.0
	循环次数	400	700	200	50	400	400	25	25
第二阶段	加压顺序	1	2	3	4	5	6	7	8
	加压比例w_d（%）	0	0~31.2	0~46.9	0~62.5	0	15.6~46.9	15.6~62.5	31.2~62.5
	循环次数	0	500	150	50	0	350	25	25
第三阶段	加压顺序	1	2	3	4	5	6	7	8
	加压比例w_d（%）	0	0~37.5	0~56.2	0~75.0	0	18.8~56.2	18.8~75.0	37.5~75.0
	循环次数	0	250	150	50	0	300	25	25
第四阶段	加压顺序	1	2	3	4	5	6	7	8
	加压比例w_d（%）	0	0~43.8	0~65.6	0~87.5	0	21.9~65.6	21.9~87.5	43.8~87.5
	循环次数	0	250	100	50	0	50	25	25
第五阶段	加压顺序	1	2	3	4	5	6	7	8
	加压比例w_d（%）	0	0~50.0	0~75.0	0~100.0	0	0	25.0~100.0	50.0~100.0
	循环次数	0	200	100	50	0	0	25	25

4）动态风荷载测试一个周期次数为5000次，检测不应小于一个周期。出现以下情况之一时应判定为试件的破坏或失效：

①试件与安装框架的连接部分发生松动和脱离。

②面板与支撑体系的连接发生失效。

③试件面板产生裂纹和分离。

④其他部件发生断裂、分离以及任何贯穿性开口。

⑤设计规定的其他破坏或失效。

5）检测结果的合格判定：

①动态风荷载测试结束，试件未失效。

②继续进行静态风荷载测试至其破坏失效，且应满足式（6-1）要求：

$$K = w_u / w_s > 1.6 \qquad (6-1)$$

式中：K——抗风揭系数；

w_u——抗风揭压力值；

w_s——风荷载标准值。

抗风压性能试验如图6-53所示。

图6-53 抗风压性能试验

（2）静态抗风揭性能测试

1）测试步骤

①从0开始，以0.07kPa/s加载速度加压到0.7kPa。

②加载至规定压力等级并保持该压力时间60s，检查试件是否出现破坏或失效。

③排除空气卸压回到零位，检查试件是否出现破坏或失效。

④重复上述步骤，以每级0.7kPa逐级递增作为下一个压力等级，每个压力等级应保持该压力60s，然后排除空气卸压回到零位，再次检查试件是否出现破坏或失效。

⑤重复测试程序直到试件出现破坏或失效，停止试验并记录破坏前一级压力值。

2）出现以下情况之一应判定为试件的破坏或失效，破坏或失效的前一级压力值应为抗风揭压力值w_u。

①试件不能保持整体完整，板面出现破裂、裂开、裂纹、断裂及一级鉴定固定件的脱落。

②板面撕裂或掀起及板面连接破坏。

③固定部位出现脱落、分离或松动。

④固定件出现断裂、分离或破坏。

⑤试件出现影响使用功能的破坏或失效（如影响使用功能的永久变形等）。

⑥设计规定的其他破坏或失效。

（3）检测结果的合格判定应符合式（6-2）规定。

$$K=w_u/w_s \geqslant 2.0 \tag{6-2}$$

式中：K——抗风揭系数；

w_u——抗风揭压力值；

w_s——风荷载标准值。

屋面试件试验破坏如图6-54所示。

图6-54　屋面试件试验破坏

6.5.6　结论

动态抗风压测试：试件无失效，按照标准程序加载完成第一阶段至第五阶段全过程，共计循环加载5000次，经项目组现场检查试件无损坏，项目组继续进行静态抗风揭测试。

静态抗风揭测试：测试荷载分级为–700Pa，当测试进行–9800Pa级荷载，压力上升至–9761Pa时，屋面板隆起变形，试件破坏，测试终止。项目组开箱检查试件发现钢平板及压型钢板螺栓拔出、压型钢板破裂。极限风荷载检测破坏值为–9761Pa。

第 7 章

不规则多曲面立面膜泛光照明施工技术

三亚市体育中心体育场项目工程立面采用多曲面异形立面膜结构，此结构做法在国内外均属首次，在这种结构中进行泛光照明灯具安装尚无相关案例可以参考。在这种大型不规则建筑空间中，要确定好泛光照明灯具的安装位置、高度、灯具投射角度，合理地进行灯光布局和安装，将泛光照明灯具大致隐藏，既可以避免眩光、外溢光、光斑等光污染，又可以提供必需的照明，使照明时所形成的阴影大小、明暗与"白鹭展翅"的环境及氛围相协调，通过投射光的强弱变化和色彩组合，赋予三亚市体育中心体育场以灵性，淋漓尽致地表现出特有的风格，达到"美化和亮化"的目的。

7.1 计算机仿真模拟

　　计算机仿真模拟技术是综合运用CAD、BIM、TracePro Expert等多项计算机技术，进行光学设计、光分布模拟分析和呈现真实性表达，模拟出所需灯具的防眩光结构、像素构成、灯具组合及灯具最佳安装位置等，其目的是能够客观地印证其所选择的材料色调、质感、比例等在实际场所中的整体状态，并且可以通过计算机模拟和参数的演示了解一些细部构造和性能。

　　首先，对各种施工项目信息进行收集，以其为依据对主体结构、钢结构及索膜结构进行精准的参数化建模，建立工程结构模拟仿真图，为灯光模拟分析提供各部位结构参数。

　　其次，根据工程BIM结构模型及PTFE膜单元材料具有一定透光性的特点，综合灯具技术参数，通过计算机仿真模拟技术分析适合不规则多曲面PTFE膜建筑立面的投光灯"内光外透"的照明方式所呈现的泛光照明效果，选择合理的灯具规格、灯具组合、安装位置等泛光照明建造方案，有效控制泛光照明所产生的炫光和溢散光，以实现更好的照度均匀度，较好实现了泛光照明"白鹭展翅"效果。单元不规则多曲面PTFE膜建筑立面模拟仿真图如图7-1所示。

图7-1　单元不规则多曲面PTFE膜建筑立面模拟仿真图

7.2 控光综合技术

为了实现更好的泛光照明效果，应科学合理地选用灯具和灯具布置方案进行控制泛光照明所产生的炫光和溢散光，提升照度均匀度，从而达到三亚市体育中心体育场"亮化与美化"目的，提升泛光照明"白鹭展翅"的艺术性。

7.2.1 灯具

（1）灯具类型

泛光照明灯具一般采用线型洗墙灯按灯带照明方式布置，即沿着"白鹭展翅"PTFE造型膜单元结构进行轮廓照明，但是此方式光效缺乏艺术性。为了更好地实现夜间"白鹭展翅"效果，应用基于计算机模拟仿真技术进行泛光照明真实性表达的模拟和呈现。经过计算机辅助软件建模、模拟分析，演示对"白鹭展翅"膜单元采用线型洗墙灯与投光灯两种方式效果对比，因投光灯较线型洗墙灯能够较好地控制眩光和逸散光，且PTFE膜体的照度均匀度较好而被选用。模拟相关图片如图7-2～图7-4所示。

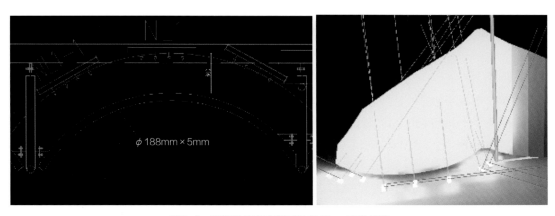

图7-2　线型洗墙灯布置图及DIALux光学模拟

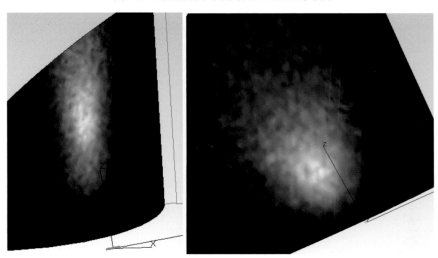

图7-3　对"白鹭展翅"建模进行TracePro模拟分析

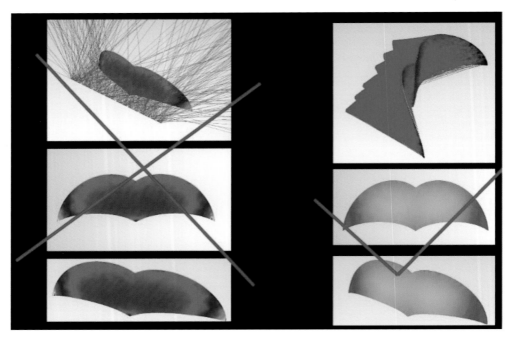

图7-4 线型洗墙灯与投光灯模拟对比

（2）灯具防眩光设置

1）反射器

以三层共七块单体膜结构造型组合模型为试验模拟样板，对仿真模拟中间的膜结构受到周围模块溢出光的影响进行试验。为了避免单个PTFE膜体上的光通量溢出或二次反射影响其他PTFE膜体的照度，以单个投光灯和灯具组合分别在裸灯、铝本色反射器、黑色反射器状态下的光通量进行了试验，通过试验数据对比，裸灯的溢出光最大，黑色反射器的溢出光最小，决定按照黑色反射器继续进行。模型及模拟过程如图7-5~图7-7所示。

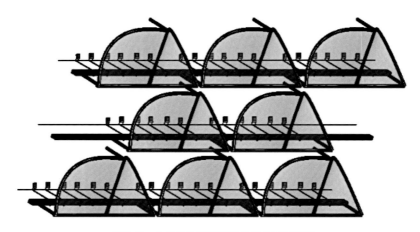

图7-5 七块单体膜造型结构组合BIM模型

图7-6　七块单体膜造型结构组合光学软件模拟

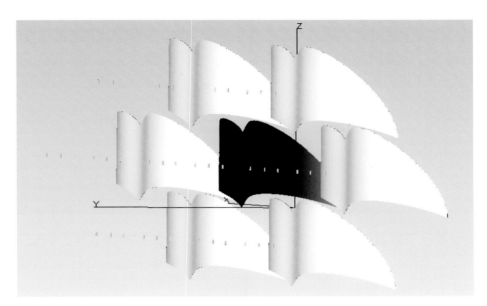

图7-7　七块单体膜造型结构组合灯具布置光学模拟

单灯光、灯具组合光通量模拟值如表7-1、表7-2所示。

单灯光通量模拟值

表7-1

序号	灯具规格（W）	功率（W）	角度（°）	光效（lm/W）	裸灯光通量（lm）	铝反射器光通量（lm）	黑光反射器光通量（lm）
1	50W	50	60	45	2250	1980	1912.5
2	100W	100	120	45	4500	3960	3825

灯具组合光通量模拟值

表7-2

序号	灯具状态	总光通量（lm）（2个100W+1个50W）	溢出光通量（lm）	膜结构承载有效光通量（lm）	有效光通量占比（%）
1	裸灯	11250	3345	7905	0.7027
2	铝本色反射器	9900	3281	6619	0.6685
3	黑光反射器	9562.5	3169.5	6393	0.6685

一个完整的"白鹭展翅"膜结构造型分为对称的两个"翅膀"，为模拟测试"白鹭展翅"膜体的照度均匀度，采用黑光反射器模拟"白鹭展翅"的单个"翅膀"测试模体的照度均匀度。为了较好地计算照度均匀度，单个"翅膀"计算点取41个点。单个"翅膀"照度值点位膜体分布图如图7-8所示。单个"翅膀"各点位模拟照度值表如表7-3所示。

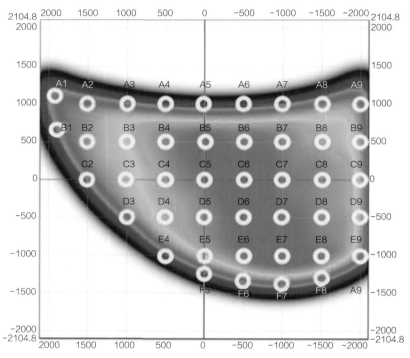

图7-8 单个"翅膀"照度值点位膜体分布图

单个"翅膀"各点位模拟照度值表（照度值：lx）　　　　　　表7-3

轴线	1	2	3	4	5	6	7	8	9
A	35	60	80	95	107	116	140	132	132
B	50	75	90	126	158	185	184	170	160
C		75	108	132	167	208	210	182	177
D			103	133	155	179	193	162	156
E				105	140	150	142	126	117
F					112	123	100	102	

通过光通量试验数据对比发现黑光吸收更多溢出光，降低溢出部分占比，控制溢出光效果明显，同时避免出光口形成二次反射眩光。另外，通过对"白鹭展翅"膜体的照度值测试，不难发现投光灯采用黑色反射器照射"白鹭展翅"膜体的照度平均值较好，因此投光灯选用黑色反射器。

2）防眩遮光罩

为了进一步降低投光灯产生的眩光和溢散光，为投光灯模拟设计防眩遮光罩。灯具防眩器表面材质和内部材质一般为金属，为了控制直接眩光和光源对金属产生的二次眩光以及环境反射的二次眩光，采用白色喷砂技术处理遮光器内侧表面，可以有效减少光源表面直接眩光，减少金属遮光器二次反射眩光，减弱出光口溢散光。另外，因传统楔形遮光防眩器在灯具底部和侧壁有明显的漏光，易造成眩光，因此遮光器造型采用方形围合式。综合以上设计，投光灯实现了深藏防眩，有效降低出光口溢散光，较好地控制投光灯所产生的炫光，实现了"见光不见灯"的效果。

7.2.2 投光灯布置方案

（1）光束角组合

根据投光灯的光学特性，结合"白鹭展翅"膜结构的光学特性和造型的结构特点，选择光束角20°和光束角60°的投光灯，在"白鹭展翅"膜单元两侧采用光束角20°的投光灯照射拉伸膜的上端，中间部位采用光束角60°的投光灯照射拉伸膜的下端。具体灯具光束角调整角度，按照10°作为初始角度进行调整，分别进行现场试验测试。经过20°-60°投光灯组合、30°-90°投光灯组合、60°-60°投光灯组合、60°-120°投光灯组合、120°-120°投光灯组合，共5个光束角灯具组合做现场对比测试，根据光线分布能够呈现出"白鹭展翅"飞翔的立体明暗关系的结果，最终因照度均匀度较好，照度适合，光效相对均匀而选择光束角60°-120°的投光灯组合。

（2）灯具布置方案

为进一步提高照度均匀度和控制炫光和溢散光，按照上下两排灯具布置方案、上中下三排灯具布置方案和直线一排灯具布置方案分别进行深度试验。测试结果显示上下或上中下灯具布置方案整体照度及均匀度较好，但局部视角范围有明显眩光和溢散光，而直线一排均匀布灯模式整体照度及均匀度较好，控制眩光和溢散光较好，结合方便立面投光灯安装要求，最终采用2套功率50W，光束角为60°的RGBW四色LED投光灯和4套功率100W，光束角为120°的RGBW四色LED投光灯，按照直线一排灯具布置方案进行建造，即在单个膜单元结构中心"背羽"采用2套功率100W，光束角为120°投光灯，净间距约0.3m，距膜结构约2m，角度上仰20°；然后在两侧"次级飞羽"各采用1套功率100W，光束角为120°投光灯，离中间"背羽"灯具间距约1.3m，灯具距膜结构约1.35m，角度上仰20°；在最外侧各采用1套功率50W，光束角为60°投光灯，距膜结构约1.38m，实现死角仅看到灯的侧面发光。2套50W+6套100W直线一排灯具布置方案试验实景效果如图7-9所示，膜单元投光灯定位图如图7-10所示。

图7-9　2套50W+6套100W直线一排灯具布置方案试验实景效果

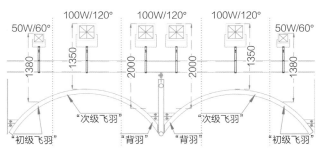

图7-10　膜单元投光灯定位图

综上所述，通过应用实现泛光照明效果更好的投光灯，采用黑色反射器，科学合理地设置防眩光遮光罩，并选用光束角60°-120°的投光灯组合，设计合理的灯具布置方案，在三亚市体育中心体育场室外，从人视的角度观察，有效地控制了泛光照明所产生的炫光和溢散光，实现更好的照度均匀度，较好实现了泛光照明"白鹭展翅"效果，突破了传统泛光照明效果，实现主要依靠灯具安装后的位置调整及调试的瓶颈，对泛光照明从功能化向艺术化发展进行了理论分析和实践。

7.3 复杂空间照明灯具安装技术

三亚市体育中心体育场项目采用倾斜铰接柱支撑的平面环桁架结构体系，其空间结构跨度高大，且外幕墙采用"白鹭展翅"造型的多曲面异形膜单元结构，泛光照明灯具直接附着于钢结构本体进行安装会极大地影响建筑立面效果，对于这种不规则多曲面PTFE膜建筑立面进行泛光照明的工程，国内均无相关案例可以参考，需创新特制一些安装支架以解决泛光照明灯具安装无附着结构的问题。

复杂空间照明安装技术是针对具有镂空率大和空间复杂的不规则多曲面PTFE膜建筑立面进行泛光照明的工程，创新性开发出多种支架有效地解决了电缆槽盒和灯具安装问题的技术。在安装过程中，充分利用数字化软件和物联网技术对电缆槽盒等进行空间定位、编码等，指导工厂预制化生产和现场模块化组装，推进了施工进度、减少了建筑垃圾、加强了质量控制以及减少对现场劳动力的需求，提高了生产效率，实现了泛光照明灯具和电缆槽盒等较好地隐于结构体系，融入建筑形式，较好地保留了白天建筑立面原有效果。

7.3.1 立面泛光照明灯具安装

（1）综合支架

针对建筑立面是外幕墙多曲面PTFE异形膜单元结构，"白鹭展翅"造型呈现为25°～45°外倾斜角度、膜单元结构与钢结构柱及横梁距离75～1700mm、膜单元结构造型尺寸8000mm×3500mm、各单元尺寸均存在较大差异等空间复杂条件下进行施工泛光照明工程，创新设计泛光照明灯具综合支架，安装在建筑立面横梁上，为了避免影响建筑立面，综合支架应隐于建筑结构，融入建筑形式。依据计算机模拟仿真技术对泛光照明灯具综合支架进行精准定位并安装，解决传统项目中，由于建筑立面复杂空间灯具没有安装位置及其投射角度不能满足要求的问题，同时最大限度减少溢散光和眩光污染。

支吊架应固定于梁、柱处，根部型钢应规格相同、安装方向一致。支吊架螺栓外露丝牙采取防锈措施。综合支架的承重组件固定杆采用镀锌方钢管制作，并按距离预留好各种安装孔；加强杆镀锌方钢管长度按实测外立面幕墙斜柱间净空距离加工，以提高每组综合支架的结构刚度、承载力及整体稳定性，并按实测的灯具安装位置预留竖向腰形孔。所有安装孔使用台钻钻孔，孔径不得大于安装螺栓1.5mm。装配式固连组件包括通丝杆、白色PVC管、平垫、弹垫、六角螺母及盖型螺母，防护件包括白色PVC管及白色塑料堵头。

（2）综合支架安装

为保证后续综合支架在现场装配式安装和物联网技术应用的顺利进行，提高安装效率，根据综合支架BIM模型对综合支架进行预拆分，生成综合支架各构件制作安装加工图，在加工区将各组合构件加工完成后，进行预拼装组装成套，最后粘贴二维码信息牌存放，领料出库、安装时扫码查询构件名称、安装部位、总数量及编号、安装方法。整个加工、出库、安装过程实行二维码动态管理。

在外立面使用曲臂车登高作业，通过扫描综合支架二维码信息，查看综合支架安装方法，根据灯具测量标注的安装位置，将相对应的泛光照明灯具安装综合支架承重组件支架横杆与底横固定杆通过固连组件在外横环梁底固梁上抱箍安装牢固后，再将加强杆在固定杆上平行于横梁安装，通过调整加强杆上竖向预设腰形预留孔和固定杆上端部横向设置的腰形预留孔的相对位置，使用镀锌六角螺栓组套将加强杆与固定杆连接牢固。泛光照明灯具安装综合支架灯具、槽盒安装完成后的整体结构如图7-11所示，"白鹭展翅"膜单元泛光照明安装示意图如图7-12所示。

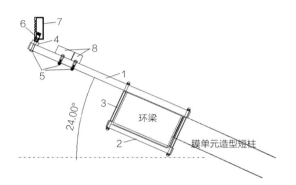

图7-11　泛光照明灯具安装综合支架灯具、槽盒安装
完成后的整体结构

1—支架横杆；2—底横固定杆；3—固连组件；4—加强杆；
5—镀锌六角螺栓；6—灯具安装件；7—灯具；8—槽盒

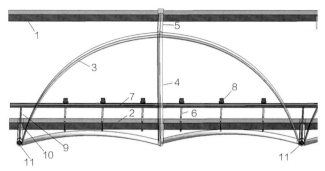

图7-12　"白鹭展翅"膜单元泛光照明安装示意图

1—外环梁；2—外环梁；3—膜单元弧杆；4—膜单元立直杆；5—膜单元短柱；
6—一种泛光照明灯具安装综合支架；7—槽盒及加强杆；8—投光灯；
9—点光源灯具安装支架；10—金属抱箍；11—点光源灯

7.3.2　屋顶索膜罩棚结构泛光照明安装

（1）电气安装综合支架

为了在屋面营造出寓意三亚海水蓝色波浪的动态效果，需要将安装在环形马道上的泛光照明投光灯光束投射到屋面罩棚建筑表皮PTFE膜体上。环形马道上除了安装泛光照明灯具、电缆槽盒外，还需要安装场地照明系统、扩声系统、摄像机、通信及消防系统等系统的设施，并预留检修通道。为了解决环形马道上空间拥挤、泛光照明灯具和电缆槽盒等安装条件受限的问题，特研发采用了"电气安装综合支架"，较好地解决了屋面寓意三亚海水蓝色波浪动态效果的照明系统无安装附着结构的问题。

电气安装综合支架的承重组件采用镀锌等边角钢及镀锌扁钢焊接制作，扁钢两端做圆角处理，角钢与角钢连接时采用角接法四面施焊，角钢与扁钢连接时采用搭接法四面施焊，焊缝

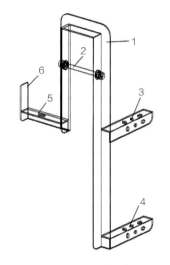

图7-13　电气安装综合支架整体结构

1—主架体；2—固连组件；3—灯具横担；
4—槽盒横担；5—槽盒横担；6—槽盒挡板

饱满，无夹渣咬肉，焊接部位焊渣清理干净后涂刷两道防锈漆，并按距离预留好各种安装孔，安装孔使用台钻钻孔，孔径不得大于安装螺栓1.5mm。装配式连接件包括通丝杆、六角螺栓、平垫、弹垫、六角螺母及盖型螺母，防护件包括白色PVC管。电气安装综合支架整体结构如图7-13所示。

（2）电气安装综合支架安装

同泛光照明灯具安装综合支架加工安装，对电气综合支架进行预拆分、加工、预拼装，最后粘贴二

维码信息牌存放。在环形马道上，按照已经测量标注的灯具安装位置，通过扫描电气安装综合支架二维码信息，将电气安装综合支架承重组件安装在内桁架上弦杆上后，使用装配式连接件将承重组件固定牢固，所有支架安装间距为1.5～3m。电气安装综合支架在环形马道上安装与固定示意图如图7-14所示。

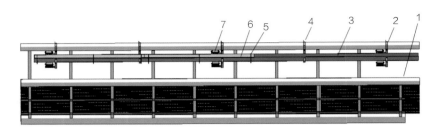

图7-14　电气安装综合支架在环形马道上安装与固定示意图

1—膜结构罩棚；2—环形马道横梁；3—综合支架1；3—槽盒槽体；4—综合支架2；5—金属槽盒扎带；6—槽盒盖板；7—投光灯

7.3.3　马道竖梯槽盒安装建造技术

（1）马道竖梯槽盒安装结构设计技术

马道竖梯位于四层看台，为室外公共区域，且垂直高度达15000mm，传统的支架难以安装且固定槽盒盖板困难，为了解决在室外公共高大空间的钢结构立柱上敷设电气槽盒的安全性、艺术性难题，创新设计出一种"立柱侧边电气槽盒安装结构"，沿马道竖梯立柱按照一定间距安装，将槽盒安装其上，安全、有效地解决了泛光照明线缆垂直敷设至环形马道的困难。

"立柱侧边电气槽盒安装结构"包括夹固杆、连组杆等（图7-15），支架承重组件采用方钢管、扁钢制作，按距离预留好各种安装孔，安装孔使用台钻钻孔，孔径不得大于安装螺栓1.5mm。装配式连接件包括通丝杆、六角螺栓、平垫、弹垫、六角螺母及盖型螺母，防护件包括白色PVC管及白色塑料防护堵头。

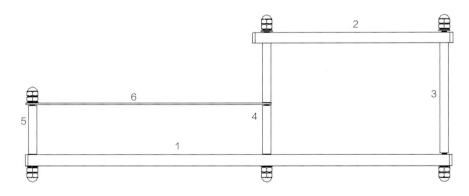

图7-15　立柱侧边电气槽盒安装结构

1—第一夹固杆；2—第二夹固杆；3—第一连组杆；4—第二连组杆；5—第三连组杆；6—夹板

（2）立柱侧边电气槽盒安装结构安装

在距竖梯根部及顶部各300mm处安装一套立柱侧边电气槽盒安装结构，然后按1.75m的间距均匀安装，保证安装结构间距一致。通过扫描立柱侧边电气槽盒安装结构二维码信息，查看安装方法，安装时先将第一夹固杆及第二夹固杆通过第一连组杆及第二连组杆在竖向马道钢结构立柱上安装固定牢固，夹板一端固定在第二连组杆两管之间，另一端暂不固定，待槽盒内电缆敷设固定后安装槽盒盖板，再将另一端通过第三连组杆与第一夹固杆连接固定，在槽盒整体外部形成一个抱箍。立柱侧边电气槽盒安装结构在马道竖梯上安装如图7-16所示。

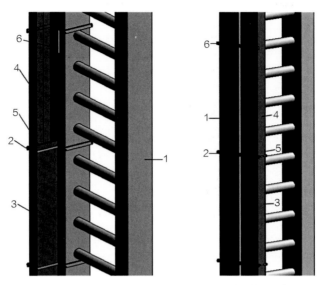

图7-16　立柱侧边电气槽盒安装结构在马道竖梯上安装

1—竖梯立柱；2—已完成的立柱侧边电气槽盒安装结构；3—槽盒；4—槽盒槽体；5—槽盒盖板；6—未完成压板连接的槽盒安装结构

综上所述，通过对三亚市体育中心体育场外立面膜结构特点和难点的分析，更好地将泛光照明灯具和电缆槽盒等较好地隐于结构体系，融入建筑形式，保留建筑立面原有效果。创新性开发出多种支架有效地解决了电缆槽盒和灯具安装问题，实现了工厂预制化生产和现场模块化组装，大幅提高了生产效率。

7.4 内透式全彩照明调光控制技术

内透式全彩照明调光控制技术是照明灯具以红绿蓝白等多种颜色混合或单色的光投射向建筑立面的背面，在建筑立面呈现出全彩或单一颜色的文字或图案，通过泛光照明传递精神文明或价值观的一种技术，运用该技术更好地展现了一座建筑或一个城市以多媒体形式传递的文化或精神内涵。

7.4.1 内透光照明技术

内透光照明技术是通过光照，在观感上改变建筑物的固有色和质感，使受光照的建筑形体变成一种晶莹的"半透明体"。它是一种技术与艺术相结合的表现技法，可使建筑物的形式和色彩在夜晚再现。三亚市体育中心体育场项目采用了三种形式进行泛光照明建造：（1）泛光照明：利用泛光灯直接投光对建筑立面的背面进行照明，将其造型、特色以"半透明体"显露出来。（2）轮廓照明：将LED灯具布置在建筑的边缘和单元PTFE膜体之间，勾画出建筑物的基本结构和造型。（3）动感照明：利用调光控制器控制LED灯具不断变化图案色彩，从而加强照明3D效果，立体式展现现代建筑物夜间文化色彩。

针对大型不规则多曲面PTFE膜建筑立面的膜结构，泛光照明方式有背面投射（内透光）和外投射（泛光）两种常见表现手法。三亚市体育中心体育场项目选择了背面投射（内透光）的表现手法，选择此方案主要基于以下三点：

（1）膜结构的透光因素决定。三亚市体育中心体育场项目建筑表皮核心光附着载体为膜结构，并且具有一定透光性，外表为"白鹭展翅"的异形造型，强调突出技术的先进性和膜结构的特征，因此将背面透射（内透光）作为首选方式。

（2）膜结构造型、白天建筑外观效果兼顾和见光不见灯的最优呈现效果决定选择背面透射（内透光）方式。灯具的外观隐蔽，膜结构的透射现象，为见光不见灯呈现了最好的实施方案，同时安装结构的整体遮蔽性也做到了最佳隐蔽，使得建筑外观在白天和夜晚都呈现最佳效果。如果采用外立面投射方案，效果不能更为精细地呈现在膜结构表面，并且需要在建筑外围竖立大量的金属高杆，一方面从效果上达不到精细化控制，实现每个膜结构有多重动态画面；另一方面也使得三亚市体育中心体育场整体的外观效果有所下降，增加了很多景观障碍，让建筑"白鹭飞舞"的美丽画面产生了分裂，影响了建筑白天的呈现效果，也需要大量的空地提供设备的布局，从白天效果、土地占用、效果实现和建造成本上都不能视为最佳效果，因此本案采用了背面投射（内透光）的照明方式呈现。

（3）背面投射（内透光）的照明方式是综合安装维护、建造成本和最终呈现效果后的最佳契合方案。建筑呈现的多种变化效果，具有了一定属性的媒体立面表达性质，可以通过动画表达的方式，呈现一定的文字信息和图案信息，并且可以与体育活动、商业活动做到最佳的效果融合；其次背面灯具系统安装结构的安装依托建筑钢结构本身，构成了整体横向类似马道的安装方式，解决了安装难、维护难的横向实施问题，从根本上解决了空中作业的难点，大幅提高了安全性；造价上避免了大结构、大桁架结构的搭建，利用建筑本身横向的主结构轮廓，搭载横向结构平台，最大化地解决了结构成本的造价控制问题与安装维护成本之间的最优化问题。泛光照明东北角、西北角实景图如图7-17、图7-18所示。

图7-17　泛光照明东北角实景图

图7-18　泛光照明西北角实景图

7.4.2　全彩照明技术

现代照明产品进入LED时代后，传统光源的高耗电、控制难、局限于照明的功能性等问题——被LED灯具解决，选用高光效RGBW四色的LED全彩照明技术可有效地突破传统照明的功能性，向泛光照明的艺术性和智慧性发展。再以分布式总线结构的DMX512多路数字传输控制技术对LED灯具赋能，通过开关、调光、调控LED的色温，实现了分像素、分色块的色彩变化，使得每块异形膜结构都可以呈现出多个不同的色彩，实现了以多媒体形式呈现一定文字、字母和宣传画面。

LED光源相比较传统光源，在同样的色彩下，光源组合灵活、温度低、光效更高、效果更为明显、用电更少且具有较高的工作结温和超长的寿命，整体效果变化中，LED光源呈现了更优的节能和环保效果。与传统光源相比较，RGBW四色LED光源光谱分布更加连续，色彩更丰富，色域更宽广，具备更丰富的色彩变化能力。RGBW四色在原有红（R）、绿（G）、蓝（B）三个颜色通道的基础上，再增加一个白色的子像素，形成RGBW四色像素，其可以提高LED对背光的利用率，增加LED的显示亮度，降低LED功耗，透光性更好、更亮。通过RGBW的色彩组合可以呈现更多的丰富色彩，使得画面更为丰富，层次更加分明，满足更多的需求。对这种不规则多曲面PTFE膜建筑立面进行泛光照明建造，采用RGBW四色LED光源更能表现设计意图和满足相应的效果。

综上所述，全彩照明技术充分利用了RGBW四色LED光源单色光谱范围窄、饱和度高、色彩还原性好、光线柔和、杂散光小、LED的发光光线中不含紫外线且红外线含量极低等特点，并应用了限制蓝光技术，既绿色节能健康，使人感觉更加舒适，又能较好地在建筑立面呈现出全彩或单一颜色的文字或图案，实现不同色彩的"白鹭展翅"效果。

7.4.3　调光控制技术

针对不同的控制技术优缺点可能对全彩照明技术产生的影响，研究总结整理了KNX、Wi-Fi802.11g、DALI、多路数字传输（DMX512）、电力载波和2.4G无线通信技术六种控制技术的特点，分别从传输速率、控制难度、抗干扰性、可靠性、施工难度、成本、传输距离、调光和应用案例等进行了对比。

经综合比较，三亚市体育中心体育场泛光照明系统选用多路数字传输控制技术，系统结构是分布式总线结构，系统所有的单元器件（除电源外）均内置微处理器和存储单元，由控制总线将它们连接成网络，总线为每个器件提供24V直流工作电源，加载控制信号，将亮度、对比度、色度等控制信号分离出来，分别进行处理，通过调节数字电位器来改变模拟输出电平值，从而控制视频信号的亮度和色调，能够实现R、G、B、W各256级灰度，真正实现全彩色，可以实现LED灯具的循环变色控制，以便为三亚市体育中心体育场泛光照明系统提供集中控制、定时控制以及单个回路的控制功能，实现重大节假日、周期时间段定时控制等功能。控制技术比较如表7-4所示。

控制技术比较　　　　　　　　　　　　　　　　　　表7-4

控制技术	KNX	Wi-Fi 802.11g	DALI	DMX512	电力载波	2.4G无线通信技术
特点	（1）唯一全球性的住宅和楼宇控制标准。（2）独立于制造商和应用领域的系统。（3）控制总线，用于照明、空调、窗帘等终端设备控制	（1）更宽的带宽。（2）更强的射频信号。（3）功耗更低。（4）安全性更高。（5）移动性更好。（6）稳定性差、易受干扰	（1）用于照明系统控制，是数字可寻址照明接口。（2）实现对点的控制，优于对回路控制。（3）容量有限，每个DALI系统最多控制64个设备。（4）可与其他系统配合使用。（5）控制总线，不需要使用专用电线	（1）DMX512采用RS485通信（属于电压信号）。（2）应用最广泛的数字调光协议。（3）"一主多从"地控制网络结构。（4）强大的调光功能。（5）采用屏蔽导体双绞线，支持双向传输	（1）不需要重新敷设线路，只要有电线，就能进行数据传递。（2）配电变压器对电力载波信号有阻隔作用。（3）电力载波信号只能在单相电力线上传输。（4）不同信号耦合方式对电力载波信号损失不同。（5）电力线存在本身固有的脉冲干扰。（6）电力线对载波信号造成高削减	（1）2.4G无线通信技术是全球性的频段开发的产品具有全球通用性。（2）频宽大，允许系统共存。（3）可传递复杂的调光信息，双向通信。（4）尺寸小
传输速率	9.6kbit/s	54Mbit/s	1.2kbit/s	250kbit/s	10Mbit/s	11Mbit/s
控制难度	低	高	低	低	高	低
抗干扰性	强	差（受室内电磁环境影响大）	曼切斯编码的方式，基于兼容性的考虑，抗干扰能力强	信号基于差分电压进行传输，抗干扰能力强	低	抗干扰能力强
可靠性	高	较低	高	高	一般	采用先进的直序扩频技术，工作可靠性极高
施工难度	低	低	高	高	低	安装施工方便，便于工程改造
成本	（1）成本低。（2）通信网络成本低	（1）设备成本高。（2）需组建WLAN通信网络	（1）设备成本低。（2）通信网络成本低	（1）设备成本低。（2）通信网络成本低	（1）设备成本高。（2）通信网络成本可忽略	（1）设备成本高。（2）通信网络成本可忽略
传输距离	1000m	100m，主从系统不超过300m	300m	500m，一般300m以上需加DMX512专用放大器	无限制	100m

控制技术	KNX	Wi-Fi 802.11g	DALI	DMX512	电力载波	2.4G无线通信技术
调光	可连续无极调光	间接的调光	连续无极调光	调光性能优越连续无极调光	有难度，可间接的调光	调光功能技术复杂，成本高
应用案例	大型公建、家装、酒店等	家装等可靠性不高的场所	大型公建、家装酒店等	舞台照明、大型公建、酒店等	大型公建、家装、酒店等	家装等可靠性不高的场景

和传统的模拟调光系统相比，DMX512控制协议的数字灯光系统，以其强大的调光控制功能给建筑照明、夜景灯光照明的灯光效果带来了翻天覆地的变化。对于常态展演模式（城市脉搏、银滩逐浪、百鹭齐飞、千帆鹭影）、会议庆典模式（绰约多姿）、节能庆典模式、环保节能模式（长夜星空）等不同的灯光运行程序，采用编程模式显示组合图形或文字以适应节日及重大活动的环境需求。"白鹭展翅"膜结构造型内的投光灯是由RGBW四色组成，能够实现8K的艳丽色彩，可以显示单种颜色的变化：比如蓝色，可以变化冰蓝色，还可以实现黛蓝色、深蓝色，通过使用DMX512智能照明调光控制系统，可以实现对泛光照明的精确控制，通过调光、渐变效果或闪烁效果等功能，可以创造出动态和变化的照明效果，增加景观的吸引力和互动性。通过色彩变化控制，并可以呈现分像素、分色块的变化，使得每块异形膜结构都可以呈现出多个不同的色彩，在整体建筑呈现的像素上更加精细，可以呈现一定文字、字母和宣传画面。另外，在整体照明中采用了智能化远程控制模块，可以实现监控与灯具远程操作，从而达到节能和科学化管理。因此，DMX512调光控制系统对于大型不规则多曲面PTFE膜建筑立面泛光照明灯具进行控制有明显的优势。

为了更好地助力三亚市体育中心体育场成为三亚市的夜间标志性建筑，最终确定了三亚市体育中心体育场泛光照明工程采用内透式全彩照明技术，通过泛光照明工程，打造出极具前瞻性的现代城市风貌，使在夜幕下熠熠生辉的三亚市体育中心体育场成为三亚市极具吸引力的地标性建筑，体现三亚市的精神风貌，进一步丰富人们的夜间生活，带动城市夜经济的发展，强化三亚市名片，促进三亚旅游经济发展，形成"体育+旅游+文娱"产业链，助力三亚市成为现代国际文化体育"总部"。不同模式或状态下泛光照明现场实景如图7-19～图7-23所示，泛光照明室内实景如图7-24所示。

图7-19　泛光照明现场实景（会议庆典模式）

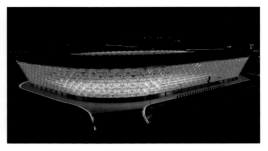

图7-20　泛光照明现场实景（节日庆典模式）

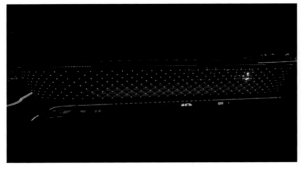
图7-21 泛光照明现场实景（环保节能模式）

图7-22 泛光照明现场实景（夜幕降临后）

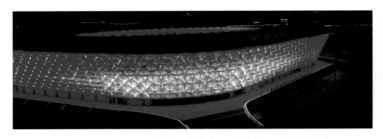
图7-23 泛光照明现场实景（常态展演模式——银滩逐浪）

图7-24 泛光照明室内实景

7.5 小结

通过对工程外立面膜结构特点和难点的分析，在泛光照明工程中创新应用不规则多曲面立面膜泛光照明施工技术，实现了泛光照明灯具与膜材和钢结构体系的完美组合，灯具定位、照射角度、光源选型、膜材透光率等指标控制良好。通过采用智能照明控制系统，使园区内外灯光联动，实现了场景模式多样，通透亮丽，变幻流畅的效果。该成果是新颖及复杂结构体系的泛光照明关键建造技术的进一步创新，提高了安装生产效率，是对泛光照明从功能化向艺术化发展，再到智慧化探索进行的理论分析和实践。该项技术成果形成实用新型专利2项，海南省工法1项。

第8章

工程细部做法

8.1 概述

三亚市体育中心体育场是海南省重点工程，其建筑造型独特、结构形式新颖、使用功能复杂、施工难度大，工程建设始终遵循经济、适用、美观、大方的"鲁班奖"质量要求，更加注重节能环保和绿色施工。本书编委认真总结和系统梳理了工程中独特的、创新的、具有实效的工程做法，通过现场核验、量测进一步筛选和提炼，整理了涵盖建筑装饰装修、屋面工程、建筑给水排水与通风空调、建筑电气、室外工程共五部分，76个细部做法。每个细部节点做法按施工工序、工艺做法、控制要点、质量要求、做法详图、工程实例六个方面做了全面详细地描述，图文并茂、直观明了、便于理解，实用性和可操作性强。本书整理的工程细部做法对同类工程项目开展创精品工程活动和保障工程质量具有一定的借鉴和推广应用价值。

8.2 建筑装饰装修

8.2.1 墙面装修

8.2.1.1 墙面不同材料处防开裂做法

施工工序：基层清理→拉毛挂网→抹抗裂砂浆→涂刷聚合物水泥防水涂料→抹底层砂浆→敷设玻纤网格布→抹罩面灰。

工艺做法：当墙体材料分别为刚性墙体（已抹灰）和饰面板时，墙体间交界处需预留5mm缝隙，从缝隙处向左右墙体上用腻子进行找平，腻子干燥前在缝隙处粘贴5mm宽成品U形条，最后在U形条两侧涂刷饰面涂料。

控制要点：压条深度和垂直度、各层做法厚度。

质量要求：抹灰层与基层之间及各抹灰层之间应粘结牢固，无脱落和空鼓。

做法详图（图8-1）：工程实例（图8-2）：

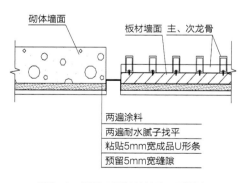

图8-1 墙面不同材料处防开裂做法

图8-2 墙面不同材料处防开裂做法实例

8.2.1.2 吊顶以上墙面装修做法

施工工序：基层处理→浇水润湿→刷界面剂、甩毛→挂网→贴灰饼→抹灰至顶棚→涂料面层（至吊顶面上返100mm）。

工艺做法：墙面基层刷界面剂，并甩浆拉毛，墙体不同材料交界处部位挂设300mm宽φ8mm热镀锌钢丝网一层，水泥钉固定，间距500mm；墙面抹灰至顶棚，抹灰砂浆分两遍成活，抹灰厚度20mm，用铁抹子压光、压实；涂料面层涂刷两遍，至吊顶面上返100mm，收边整齐均匀。

控制要点：抹灰厚度均匀；涂料上返高度一致，收边整齐均匀。

质量要求：表面平整，厚度均匀。

做法详图（图8-3）：

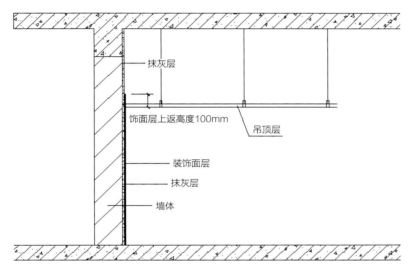

图8-3　吊顶以上墙面装修做法

工程实例（图8-4）：

图8-4　吊顶以上墙面装修做法实例

8.2.1.3 涂料墙面与顶棚节点做法

施工工序：放线→贴美纹纸→涂刷顶面黑色涂料。

工艺做法：墙面涂料施工时涂刷至结构顶板阴角处，墙面涂料施工完成后，确定顶面乳胶漆下返20mm位置线，根据下返高度，通过红外线粘贴专用美纹纸，然后使用专用滚筒在美纹纸上方墙面与结构顶板阴角处涂刷黑色乳胶漆，最后撕除美纹纸。

控制要点：美纹纸粘贴高度及标高、美纹纸产品质量、涂料涂刷质量。

质量要求：美纹纸粘贴高度一致、涂料涂刷均匀。

做法详图（图8-5）：

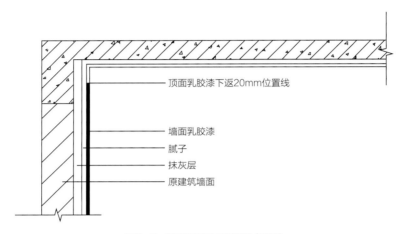

图8-5 涂料墙面与顶棚节点做法

工程实例（图8-6）：

图8-6 涂料墙面与顶棚节点做法实例

8.2.2 吊顶工程

8.2.2.1 扇形铝方通吊顶排布

施工工序：弹线定位→灯具、烟感、喷淋安装→铝方通安装。

工艺做法：扇形区域铝方通排布原则：铝方通呈放射形布置、灯具沿弧线形排列。

控制要点：吊点位置、吊点牢固度、铝方通平整度。

质量要求：纵横顺直、美观，间距均匀一致。

做法详图（图8-7）：

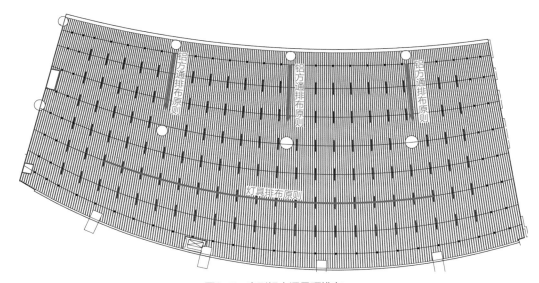

图8-7　扇形铝方通吊顶排布

工程实例（图8-8）：

图8-8　扇形铝方通吊顶排布实例

8.2.2.2 弧形墙面吊顶飘带做法

施工工序：吊顶控制线→基层龙骨施工→吊顶造型基层施工→隐蔽验收→石膏板封板→腻子及涂料施工。

工艺做法：根据结构的大小确定造型及具体尺寸。确定吊顶标高，沿墙面安装造型基层龙骨，且基层龙骨每10m留置一端伸缩缝。基层龙骨施工完成后，进行石膏板封板，封板采用自攻螺钉固定，封板完成后再进行面层耐水腻子及涂料施工（在造型与结构墙面阴角交接处，飘带造型涂料沿墙面下返20mm）。

控制要点：造型弧度顺直、板材裂缝、观感质量、伸缩缝预留。

质量要求：基层龙骨牢固、造型弧度顺直、观感质量好、伸缩缝预留合理。

做法详图（图8-9）：

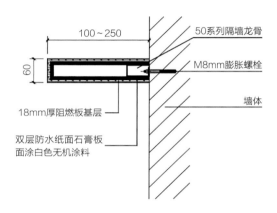

图8-9 弧形墙面吊顶飘带做法

工程实例（图8-10）：

图8-10 弧形墙面吊顶飘带做法实例

8.2.2.3 弧形墙面吊顶交错做法

施工工序：吊顶控制线→吊顶转换层或丝杆施工→方通配套龙骨施工→龙骨二次调平→隐蔽验收→铝方通安装。

工艺做法：根据吊顶标高，确定吊顶基层是否需要进行转换层或反支撑施工，基层施工完成后进行方通配套龙骨施工，需重点控制龙骨平整度，龙骨隐蔽验收合格后方可进行铝方通安装。铝方通安装时，根据墙面弧度确定扇形方向，扇形方向确定后即可均匀布置安装方通，安装时按照距离墙面50mm且相邻铝方通错落50mm的方式进行安装。

控制要点：安装间距、扇形弧形、铝方通与墙面距离。

质量要求：铝方通安装间距一致、弧边平顺、铝方通标高准确。

做法详图（图8-11）：

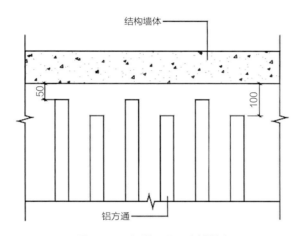

图8-11 弧形墙面吊顶交错做法

工程实例（图8-12）：

图8-12 弧形墙面吊顶交错做法实例

8.2.2.4 抗风揭吊顶构造

施工工序：基层处理→标高控制线施工→竖向高强度支吊杆施工→吊顶转换钢架施工→型钢次龙骨施工→抗风揭专用饰面板及其连接方式→隐藏式检修口安装系统。

工艺做法：根据图纸要求采用镀锌角钢焊接作为竖向支吊杆。在设备下方安装横向连接角铁作为转换钢架（安装时预留次龙骨安装位置），转换钢架与竖向支吊杆满焊连接，再次沿房间纵向安装次龙骨，并与竖向支吊杆满焊连接。铝条板通过自攻螺钉与次龙骨连接，最后根据排板位置安装检修口。

控制要点：龙骨安装间距、龙骨焊接质量、面板安装质量。

质量要求：龙骨间距符合图纸要求，基层焊接牢固、面板安装牢固、平整、美观。

做法详图（图8-13）：

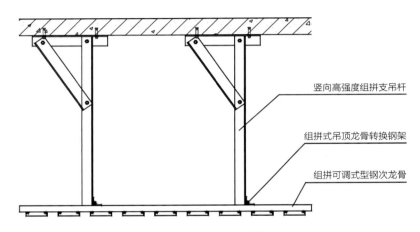

竖向高强度组拼支吊杆

组拼式吊顶龙骨转换钢架

组拼可调式型钢次龙骨

图8-13 抗风揭吊顶构造

工程实例（图8-14）：

图8-14 抗风揭吊顶构造实例

8.2.2.5 圆柱柱帽吊顶做法

施工工序：吊顶控制线→基层龙骨施工→吊顶造型基层施工→隐蔽验收→石膏板封板→腻子及涂料施工。

工艺做法：根据结构的大小确定造型及具体尺寸。首先确定吊顶标高，然后沿圆柱结构安装造型基层龙骨，基层龙骨施工完成后，进行石膏板封板，石膏板采用自攻螺钉固定。石膏板封板完成后，进行面层耐水腻子及涂料施工（在造型与圆柱阴角交接处，造型面层涂料沿圆柱面下返20mm）。

控制要点：造型弧度顺直、板材裂缝、观感质量。

质量要求：基层龙骨牢固、造型弧度顺直、平顺、观感质量好。

做法详图（图8-15）：

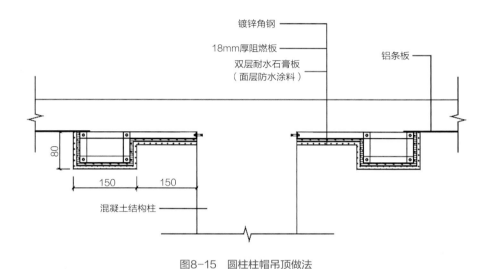

图8-15　圆柱柱帽吊顶做法

工程实例（图8-16）：

图8-16　圆柱柱帽吊顶做法实例

8.2.2.6 机房吊顶吸顶做法

施工工序：基层处理→基层龙骨施工→岩棉板安装→隐蔽验收→吸声板安装→成品收口条收边。

工艺做法：根据排板图进行基层龙骨施工，施工时龙骨紧贴结构板底及梁底，龙骨间距与吸声板模数相同。龙骨施工完成后在相邻龙骨中间填充岩棉板。岩棉板填充完成后，用自攻螺钉将吸声板固定在基层龙骨上，然后采用成品收口条对吸声板四周进行收边和收口处理。

控制要点：施工标高、龙骨间距、吸声板安装、收口条安装。

质量要求：龙骨安装紧贴板底及梁底，龙骨安装间距满足吸声板模数要求，吸声板安装平整、牢固，收口条安装顺直、成排成线，吸声板拼接牢固、方正，平整度允许偏差2mm。

做法详图（图8-17）：

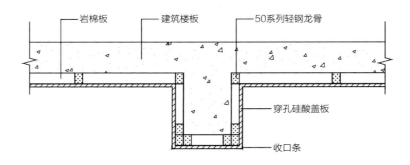

图8-17 机房吊顶吸顶做法

工程实例（图8-18）：

图8-18 机房吊顶吸顶做法实例

8.2.3 建筑地面

8.2.3.1 扇形房间地砖楔形排布

施工工序：实际尺寸量测→排板分格→弹线定位→涂刷背涂→地砖铺贴。

工艺做法：扇形区域地砖排布应符合下列原则。

（1）有柱子或柱网时，按柱子进行分区排布。

（2）水平拼缝平行于同一区域两个柱子中心线，拼缝在柱中。

（3）从门口处以整砖向室内排砖，半砖排在房间内侧。

控制要点：分格、对缝。

质量要求：粘结牢固、接缝平整顺直。

做法详图（图8-19）：

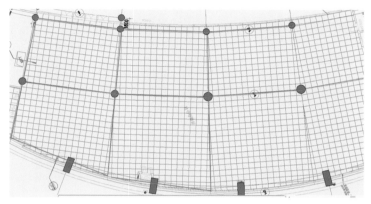

图8-19 扇形房间地砖楔形排布

工程实例（图8-20）：

图8-20 扇形房间地砖楔形排布实例

8.2.3.2　地砖坡道防滑做法

施工工序：瓷砖防滑构造加工→基层处理→铺设底灰→瓷砖铺装。

工艺做法：室内坡道采用瓷砖地面时，应增设防滑措施。瓷砖进场前，由工厂进行防滑槽组加工，防滑槽组由4个5mm×2mm的凹槽组成，瓷砖两侧距边缘100mm处设置防滑槽组，中间间隔150mm均匀设置防滑槽组。瓷砖进场后，基层做洒水湿润处理，铺设底灰，进行瓷砖试铺，并安装调平器，向瓷砖背面批刮泥浆铺贴瓷砖，铺贴时防滑槽组应垂直于坡道方向，最后用水平尺和调平器进行调平，完成瓷砖铺贴。

控制要点：防滑条加工、瓷砖铺装。

质量要求：防滑效果满足要求、瓷砖平整、无空鼓。

做法详图（图8-21）：

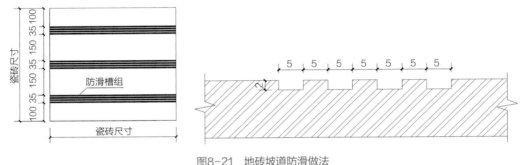

图8-21　地砖坡道防滑做法

工程实例（图8-22）：

图8-22　地砖坡道防滑实例

8.2.3.3 圆柱地砖踢脚线做法

施工工序：基层处理→弹线定位→踢脚安装。

工艺做法：踢脚铺贴前先进行基层处理，采用小块长方体踢脚拼接铺贴的方式，下方紧贴地面饰面砖面层。踢脚用1:2水泥砂浆（内掺建筑胶）粘贴，背面布满砂浆并及时粘贴，随之将挤出的砂浆刮掉，面层清理干净。

控制要点：踢脚拼缝整齐、严密。

质量要求：踢脚整体弧形顺滑，拼缝一致，铺贴牢固。

做法详图（图8-23）：

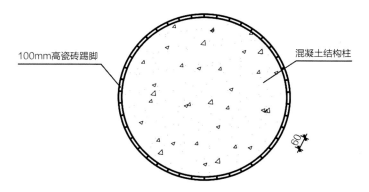

100mm高瓷砖踢脚　　　混凝土结构柱

图8-23　圆柱地砖踢脚线做法

工程实例（图8-24）：

图8-24　圆柱地砖踢脚线做法实例

8.2.3.4　圆柱与地面节点做法

施工工序：基层清理→石材套割→石材铺贴→石材结晶。

工艺做法：根据结构柱形状及大小确定地面石材形状及尺寸，宽度一般为200mm。石材切割时，根据结构柱形状裁切波打线石材，波打线石材建议由厂家进行水刀切割加工。

控制要点：石材加工、石材铺贴。

质量要求：石材切割顺直、平滑、安装平整。

做法详图（图8-25）：

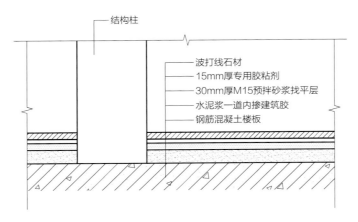

图8-25　圆柱与地面节点做法

工程实例（图8-26）：

图8-26　圆柱与地面节点做法实例

8.2.3.5 块材地面伸缩缝做法

施工工序：基层处理→瓷砖或石材铺贴→预留伸缩缝安装位置→伸缩缝安装。

工艺做法：根据排板图铺贴瓷砖或石材，根据图纸要求预留伸缩缝安装位置（伸缩缝位置瓷砖或石材切割应顺直、整齐，预留缝隙大小一致）。伸缩缝安装时，首先清理铺砖时的残留砂浆，清理完成后使用结构胶将伸缩缝固定在预留缝隙中。

控制要点：伸缩缝间距、伸缩缝安装预留尺寸、安装平整度。

质量要求：伸缩缝间距控制在15～20m，伸缩缝预留安装大小合理、间距一致，伸缩缝安装成品效果顺直美观，伸缩缝表面与地面石材或瓷砖平齐。

做法详图（图8-27）：

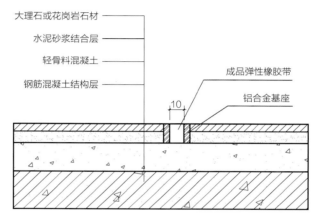

图8-27 块材地面伸缩缝做法

工程实例（图8-28）：

图8-28 块材地面伸缩缝做法实例

8.2.3.6 地砖踢脚线薄贴做法

施工工序：基层清理→弹水平完成面控制线→粘贴踢脚线→瓷砖勾缝。

工艺做法：瓷砖踢脚线安装采用专用胶粘剂与墙体粘结固定，出墙厚度为10mm。踢脚线安装完成后，拼接处采用专用勾缝剂进行勾缝。

控制要点：出墙厚度、安装高度、安装垂直度、勾缝质量。

质量要求：踢脚线粘贴牢固、出墙厚度一致、安装顺直美观。

做法详图（图8-29）：

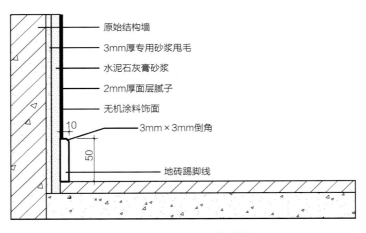

原始结构墙
3mm厚专用砂浆甩毛
水泥石灰膏砂浆
2mm厚面层腻子
无机涂料饰面
3mm×3mm倒角
地砖踢脚线

图8-29　地砖踢脚线薄贴做法

工程实例（图8-30）：

图8-30　地砖踢脚线薄贴做法实例

8.2.3.7 吸声墙面踢脚线防潮做法

施工工序：基层处理→基层龙骨施工→隐蔽验收→水泥板安装。

工艺做法：根据墙面预留尺寸裁切50系列基层龙骨，并进行基层龙骨安装，安装间距不大于400mm。基层龙骨隐蔽验收合格后，裁切面层水泥板采用专用结构胶进行安装固定。水泥板安装时，水泥板上下两侧与吸声墙面及地面预留1~2mm缝隙。

控制要点：安装平整度及垂直度、拼缝质量、板材粘结。

质量要求：水泥板安装平整与面层吸声板平齐、拼缝整齐、预留缝隙大小一致。

做法详图（图8-31）：

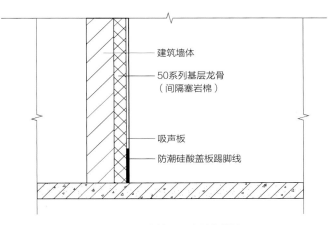

图8-31 吸声墙面踢脚防潮做法

工程实例（图8-32）：

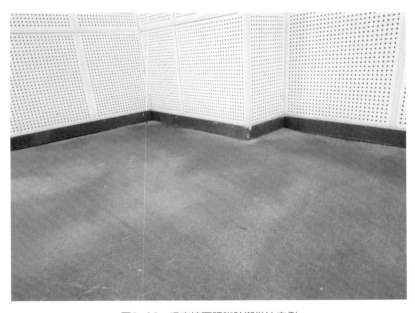

图8-32 吸声墙面踢脚防潮做法实例

8.2.4 幕墙工程

8.2.4.1 落地玻璃幕墙反坎做法

施工工序：测量放线→模板安装→基础浇筑→化学锚栓及埋板施工。

工艺做法：为防止室外落地式玻璃幕墙受到雨水侵蚀，室外落地式玻璃幕墙不宜紧贴地面，底部型材宜距离地面100~150mm，底部基础采用C20细石混凝土浇筑，基础宽度超出幕墙型材不小于50mm，基础面层做法同相邻地面做法。

控制要点：基础定位、基础上口顺直。

质量要求：幕墙基础混凝土振捣密实、无蜂窝麻面，位置准确，混凝土强度满足设计要求。

做法详图（图8-33、图8-34）：

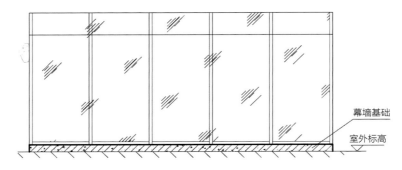

图8-33　落地玻璃幕墙反坎做法一

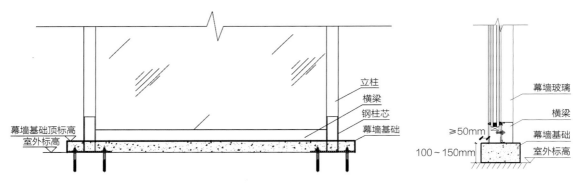

图8-34　落地玻璃幕墙反坎做法二

8.2.4.2 地弹簧门节点做法

施工工序：测量定位→预留凹槽→地面施工→地弹簧安装→门扇安装→地弹簧调节→地弹簧保护盖安装。

工艺做法：地面垫层施工前，根据设计图纸放出地弹簧、门框位置线，地面按照2m间距设置灰饼进行标高控制，采用水泥砂浆固定地弹簧底盒，地面施工完成再进行门扇安装，安装完成后进行地弹门调整，最后安装地弹簧保护盖，保护盖应高于地砖表面，且四周遮盖地砖宽度不小于5mm。

控制要点：底盒标高、地面标高控制、保护盖截面尺寸。

质量要求：地弹簧安装位置准确、保护盖贴紧地面。

做法详图（图8-35）：

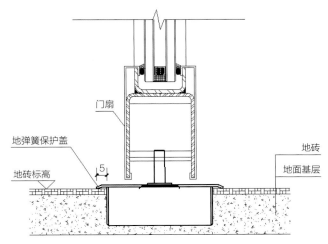

图8-35　地弹簧门节点做法

工程实例（图8-36）：

图8-36　地弹簧门节点做法实例

8.2.4.3 栏杆及挡墙变形缝节点做法

施工工序：基层清理→止水带安装→调节铝合金基座安装→铝合金盖板安装。

工艺做法：清理变形缝两侧结构面，保证结构面平整。安装止水带并保证止水及排水效果正常。安装铝合金基座，并与基层固定牢固。安装铝合金装饰盖板，并保证盖板能够正常滑动。

控制要点：位置准确、固定基座安装牢固、滑杆正常滑动、盖板安装。

质量要求：基层安装牢固、伸缩滑杆正常滑动、面板安装顺直、平整、美观。

做法详图（图8-37）：

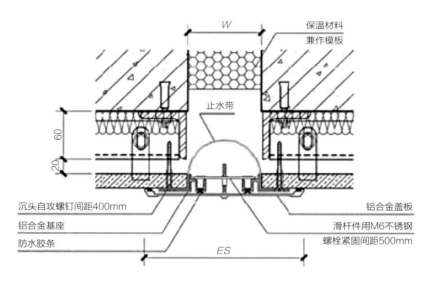

图8-37　栏杆及挡墙变形缝节点做法

工程实例（图8-38）：

图8-38　栏杆及挡墙变形缝节点做法实例

8.2.4.4 石材幕墙平面防坠做法

施工工序：基层处理→基层龙骨施工→铝板安装施工→打胶。

工艺做法：石材幕墙平面优化设计为仿石材铝板，根据图纸要求进行龙骨焊接，安装水平方向仿石材铝板，仿石材铝板安装完成面宜低于侧面竖向石材10~20mm，铝板安装完成后进行后续打胶施工。

控制要点：基层钢架焊接质量，铝板安装、打胶质量。

质量要求：基层龙骨牢固、铝板安装平整、打胶顺直、平滑、观感质量好。

做法详图（图8-39）：

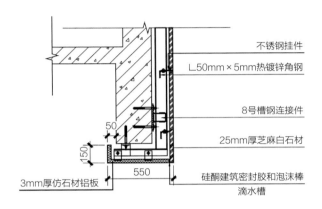

图8-39 石材幕墙平面防坠做法

工程实例（图8-40）：

图8-40 石材幕墙平面防坠做法实例

8.2.5 门窗工程

8.2.5.1 木门安装节点做法

施工工序：基层清理→木基层板安装→门套安装→门扇安装→五金件安装。

工艺做法：通常每扇木门安装三组合页，合页安装高度距地分别为200mm、1300mm、1800mm，如安装木门为子母门或双开门，应在固定门扇下方安装防尘桶，上方安装固定插销。木门整体安装完成后，对门扇缝隙、开关灵活度、是否存在异响等进行检测，确保门扇缝隙大小一致、门扇开关灵活、各五金件安装牢固。

控制要点：木门安装垂直度、门套安装及拼接缝隙、五金件安装质量。

质量要求：木门安装垂直，门套拼缝均匀、大小一致，五金件安装牢固，位置准确，开启灵活。

做法详图（图8-41）：

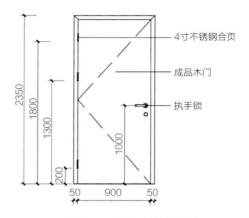

图8-41 木门安装节点做法

工程实例（图8-42）：

图8-42 木门安装节点做法实例

8.2.5.2 防火门平齐墙面安装做法

施工工序：测量定位→门洞口处理→门框就位及临时固定→门框固定→门框与墙体间隙处理→门扇安装→五金配件安装→门框处墙体饰面施工→门框四周细部处理。

工艺做法一：根据设计图纸放出门框位置线，安装前检查门洞口尺寸，对门洞口存在偏位、不垂直、不方正情况进行剔凿或抹灰校正处理，然后安装门框，门框凸出饰面不大于5mm，门框位置经校正后采用木楔固定，安装膨胀螺栓。防火门整体安装完成后，对门框周边墙面进行粉刷，最后对门框四周与墙面交接处进行打胶处理。

工艺做法二：基层处理完成后，安装防火门门框，使门框与墙体饰面平齐，进行墙面抹灰，抹灰完成后沿门框周边安装10mm×10mm的U形条，U形条外露高度与门框、饰面齐平，最后进行面层腻子涂料施工。面层施工前，采用美纹纸对U形条、门框进行成品保护，防止交叉污染。

控制要点：门框位置线、门框与墙面固定连接、门框与墙体饰面层关系

质量要求：防火门功能满足使用要求，防火门框位置正确、安装牢固、周边无开裂、凸出饰面厚度满足要求，U形条粘贴满足要求。

做法详图（图8-43、图8-44）：

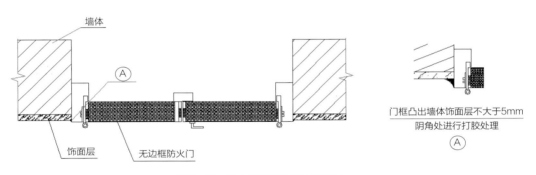

图8-43　防火门平齐墙面安装做法

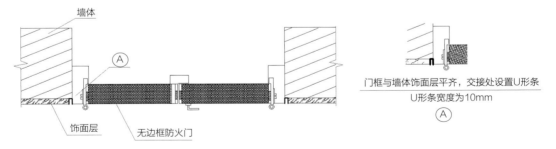

图8-44　防火门边U形条做法

8.2.6 细部构造

8.2.6.1 卫生间防潮门套做法

施工工序：基层找平→木门套安装→门套块材预排及加工→防水门套安装→勾缝及打胶处理。

工艺做法：卫生间木门安装时，在门套底部高度100～150mm范围内，粘贴与门套相同造型的石材，使石材与门套完全吻合，石材与地面交界处打胶封闭，实现门套与地面水源的有效阻隔，避免因长期受潮而造成的质量隐患。

控制要点：石材加工、门套预拼、门套粘贴。

质量要求：石材拼接牢固、方正，垂直度、平整度允许偏差2mm。

做法详图（图8-45）：

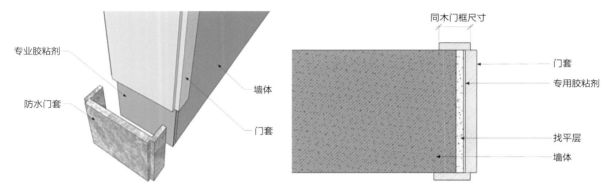

图8-45 卫生间防潮门套做法

工程实例（图8-46）：

图8-46 卫生间防潮门套做法实例

8.2.6.2 洗手盆排水管细部节点做法

施工工序：基层清理→排水管安装及方向调整→排水管固定→打胶收口。

工艺做法：卫生间下水管采用不锈钢定型成品排水管，首先进行下水管试装并与台下盆排水口初步连接，接下来调整排水管存水弯角度，保证存水弯角度一致、排水管整体成排成线，然后固定排水管，最后打胶收口。

控制要点：排水管存水弯弧度方向、安装垂直度、密封胶质量。

质量要求：排水管安装弧度一致、安装成排成线、安装牢固。

做法详图（图8-47）：

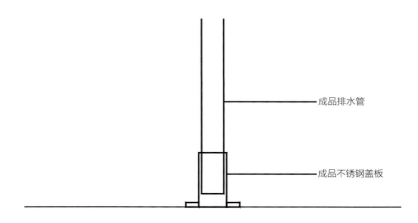

图8-47　洗手盆排水管细部节点做法

工程实例（图8-48）：

图8-48　洗手盆排水管细部节点做法实例

8.2.6.3 块材回字形地漏做法

施工工序：基层清理→块材套割→块材铺贴→地漏安装→地面勾缝。

工艺做法：根据排板图确定地漏具体位置，楼地面块材铺贴前提前预留此部位施工尺寸，预留尺寸宜为200mm×200mm。根据预留尺寸及地漏形状切割地漏四边块材，每边块材宜切割成梯形，两个梯形块材交接处宜45°拼接。梯形块材安装完成后靠近地漏一侧应低于其他部位5mm为宜。块材及地漏安装完成后，进行块材勾缝。

控制要点：块材套割、块材铺贴、地漏安装。

质量要求：块材套割尺寸准确、块材铺贴质量达标、地漏安装位置合理。

做法详图（图8-49）：

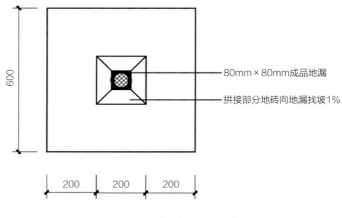

图8-49　块材回字形地漏做法

工程实例（图8-50）：

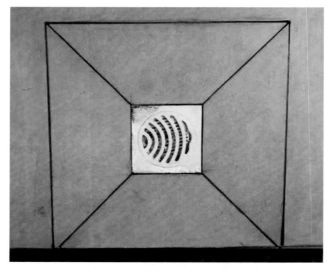

图8-50　块材回字形地漏做法实例

8.2.6.4 可拆卸台下盆做法

施工工序：现场放线→安装台下盆架体→焊接连接螺杆→安装台面→固定台下盆→安装承托托架→放入防磨橡胶垫→调整、固定台下盆→台下盆密封处理→安装管件→试水调试。

工艺做法：在洗手台型钢骨架上通过吊杆和螺栓固定洗手盆托架，且在型钢与洗手盆接触位置设置5mm厚橡胶垫。通过以上措施实现台下盆的便携安拆。

控制要点：钢架焊接、承托件安装、橡胶垫片安装、密封胶打入情况。

质量要求：钢架焊接牢固、位置准确，承托件安装位置准确、牢固，防磨橡胶垫片安装平整、位置准确，密封胶填充饱满、光滑。

做法详图（图8-51）：

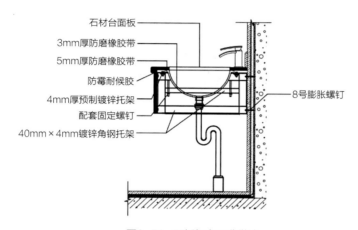

图8-51　可拆卸台下盆做法

工程实例（图8-52）：

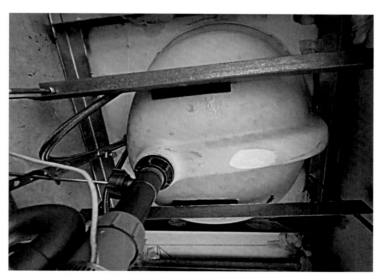

图8-52　可拆卸台下盆做法实例

8.2.6.5 梯段板下部防尘做法

施工工序：基层清理→砌砖墙→墙体外侧抹灰→面层做法。

工艺做法：楼梯平台表面清扫干净并洒水湿润，采用加气块或灰砂砖砌筑隔墙，隔墙外露高度控制在500~600mm，砌筑时随砌随靠平吊直，以保证墙体横平竖直。墙体砌筑完成后，面层做法同周边墙体和楼梯平台做法。

控制要点：砌筑垂直度、平整度，养护情况。

质量要求：表面平整度、垂直度允许偏差≤4mm，砌筑墙体与楼梯侧面顺平。

做法详图（图8-53）：

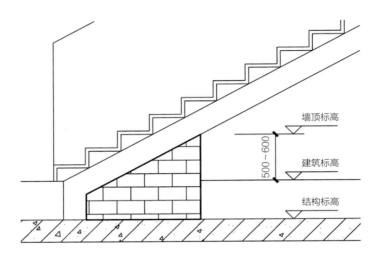

图8-53 梯段板下部防尘做法

工程实例（图8-54）：

图8-54 梯段板下部防尘做法实例

8.2.6.6 楼梯踏步挡水台做法

施工工序：瓷砖（石材）加工→定位放线→挡水台粘贴→打胶。

工艺做法：采用结构胶将瓷砖（石材）挡水台粘贴在楼梯踏步饰面材料表面，并将挡水台凸出楼梯侧边5mm，以便于楼梯侧边涂料收口。挡水台阳角采用45°倒角拼接。挡水台粘贴完成后，内侧缝隙使用密封胶封闭严密。挡水台在休息平台部位应连续交圈。

控制要点：连续交圈、凸出侧边、侧缝密封、阳角45°拼接。

质量要求：粘贴牢固、边缘清晰顺直、密封严密、平整顺直。

做法详图（图8-55）：

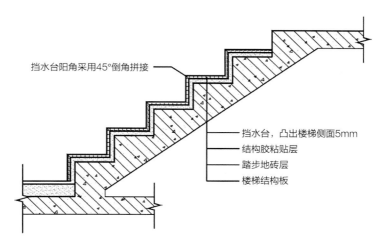

图8-55　楼梯踏步挡水台做法

工程实例（图8-56）：

图8-56　楼梯踏步挡水台做法实例

8.2.6.7 管道井装修做法

施工工序：墙面抹灰→管道内侧墙面、顶棚刮腻子及刷涂料→安装管道及套管→吊洞→支模、浇筑保护墩→地面找平→涂刷管道油漆→保护墩面层施工→塞岩棉、防火泥→安装装饰圈。

工艺做法：管道安装前，先进行墙面抹灰，空间狭窄的管井应随砌随抹灰，并确保抹灰质量。抹灰完成后，管道靠墙一侧，按照要求应先完成两遍腻子施工，避免管道安装后墙面无法施工。管道常规设置高度80mm的管道保护墩，采用1:2水泥砂浆压实收光，保护墩面层做法同管井地面做法。管道井顶棚严禁进行吊顶封闭，地面严禁采用架空地面。

控制要点：抹灰和涂料施工顺序，墩台设置高度，棱角顺直。

质量要求：表面平整，细部处理到位，墩台表面平整密实，根部处理细腻。

做法详图（图8-57）：

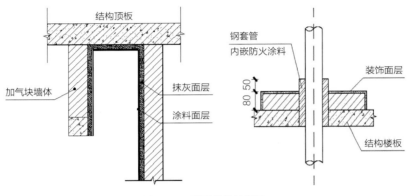

图8-57 管道井装修做法

工程实例（图8-58）：

图8-58 管道井装修做法实例

8.2.6.8 设备基础导流槽做法

施工工序：找平→弹线定位→导流槽安装→浇筑地面→成品保护→画线。

工艺做法：混凝土地面施工时，在距离基础300mm处，沿四周设置宽30mm，深20mm的成品不锈钢梯形导流槽，顶部最高点与室内建筑完成面齐平。导流槽转角处斜切45°并粘结固定，保证对缝严密顺滑、边缘整齐、排水通畅。施工地面做法时，复核导流槽位置并进行人工收边，收边完成后粘贴美纹纸，外边缘采用黄色油漆画线，宽度80mm，保证厚重不透底。导流槽应向排水沟进行1%～2%找坡。

控制要点：临时固定措施、导流槽标高尺寸控制、画线。

质量要求：导流槽对接顺滑、边缘顺直、排水通畅、画线醒目。

做法详图（图8-59）：

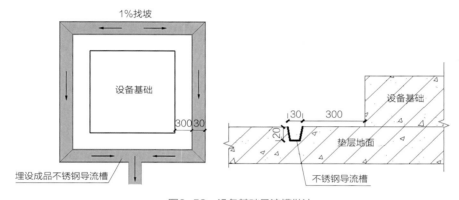

图8-59 设备基础导流槽做法

工程实例（图8-60）：

图8-60 设备基础导流槽做法实例

8.2.6.9 管线支架保护墩做法

施工工序：护墩选型→模具制作→混凝土浇筑→腻子找平修角→刷涂料。

工艺做法：护墩模具选用300mm×300mm×100mm的成品钢制模具，四角为50mm半径的四分之一圆弧。混凝土浇筑前，涂刷脱模剂，管道根部进行找平，保证管道位于保护墩中心并进行临时固定。脱模后，对混凝土表面进行人工打磨修整，刮耐水腻子，面层涂刷涂料（涂料颜色应比地面偏深），下边返至地面5mm。

控制要点：模具制作刚度、尺寸标准，涂料涂刷及边界处理。

质量要求：表面平整、棱角方正、圆弧顺滑。

做法详图（图8-61）：

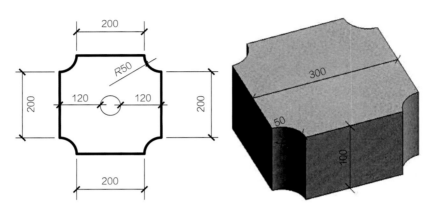

图8-61　管线支架保护墩做法

工程实例（图8-62）：

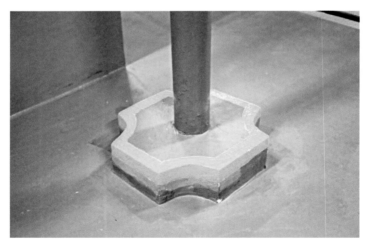

图8-62　管线支架保护墩做法实例

8.2.6.10　消防水池检修口做法

施工工序：基层处理→弹线定位→固定门框→检修门安装→细部处理。

工艺做法：消防水池侧墙设置高800mm，宽度同墙宽的检修口，施工前先进行弹线定位，调整门框位置后采用不锈钢角铁将其固定。检修门安装时，开启方向朝向消防泵房，确保开启顺畅。检修口安装完后，门框缝隙处采用密封材料填充密实并按房间装修做法进行收边处理。

控制要点：门框细部处理。

质量要求：固定牢固、开启顺畅。

做法示意图（图8-63）：

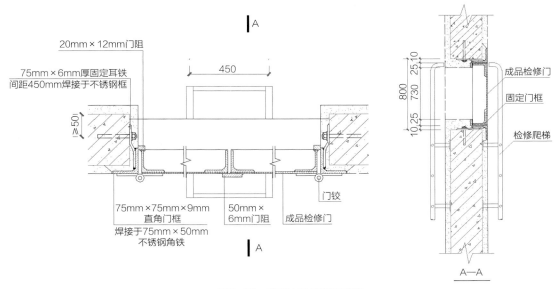

图8-63　消防水池检修口做法

工程实例（图8-64）：

图8-64　消防水池检修口做法实例

8.2.6.11 排水沟篦子节点做法

施工工序：基层清理→定位放线→支设模板→浇筑细石混凝土→拆模→安装排水沟盖板。

工艺做法：地面施工前，清理结构面层，采用预埋钢筋或膨胀螺栓的方式焊接固定排水沟角钢，按照1.5m间距焊接横向钢筋，防止角钢变形。两侧角钢间距宜大于排水沟盖板宽度2mm，安装固定完成后浇筑混凝土，混凝土达到设计强度后，拆除排水沟内模板，切除横向固定钢筋。定制安装排水沟盖板时，需根据排水沟净空尺寸定制盖板，并根据现场实际尺寸提前排板，避免出现小于1/2块盖板的情况。

控制要点：角铁顶标高控制、角铁横向宽度控制，盖板与角铁间缝隙预留。

质量要求：安装线条顺直、阴阳角方正，铺贴平整、紧密。

做法详图（图8-65）：

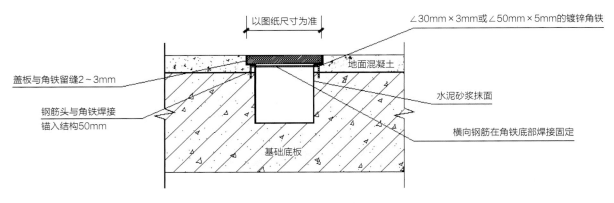

图8-65 排水沟篦子节点做法

工程实例（图8-66）：

图8-66 排水沟篦子节点做法实例

8.2.6.12　观众看台阳角做法

施工工序：基层处理→拉毛（凿毛）、铺（挂）网→吊垂直、抹灰饼→踢面抹灰→阳角处模板安装→浇筑踏面细石混凝土→切缝。

工艺做法：看台二次施工前，应进行基层处理，对看台踏面进行凿毛，对看台踢面进行拉毛，并在踏面和踢面铺（挂）设钢丝网。先进行踢面抹灰，待踢面抹灰强度达到设计要求后，再安装看台阳角处倒角组合模板，并采用射钉固定于踢面上。模板安装完成后，进行踏面细石混凝土浇筑。看台长度过长时，踏面细石混凝土浇筑12h后，使用切割机切割纵向伸缩缝，防止面层开裂。

控制要点：垂直度、平整度、模板安装顺直度、细石混凝土施工质量。

质量要求：抹灰层与基层之间应粘结牢固，看台踏面倒角观感满足要求，看台平整顺直。

做法详图（图8-67）：

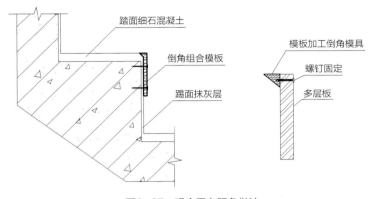

图8-67　观众看台阳角做法

工程实例（图8-68）：

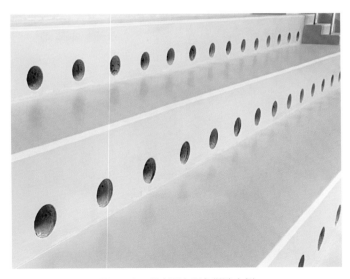

图8-68　观众看台阳角做法实例

8.3 屋面工程

8.3.1 女儿墙泛水圆弧做法

施工工序：基层处理→基准线设置→找平层施工→面层施工→养护。

工艺做法：圆弧泛水施工前，应先进行基层处理，泛水防水层高度≥300mm，圆弧角采用直径600mm圆柱模板定型，分隔缝间距不宜大于2m，圆弧底端和立面分隔缝采用耐候密封胶处理，面层采用1:2水泥砂浆进行找平，确保表面光滑、无气泡。圆弧泛水施工完成后，进行浇水并覆盖塑料薄膜养护，养护时间不少于14d。

控制要点：确保圆弧标高无误、圆弧弧度统一。

质量要求：表面平整、圆弧顺滑。

做法详图（图8-69）：

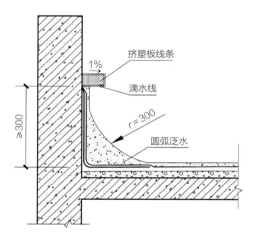

图8-69 女儿墙泛水圆弧做法

工程实例（图8-70）：

图8-70 女儿墙泛水圆弧做法实例

8.3.2　屋面爬梯做法

施工工序：弹线定位→固定件安装→爬梯加工→爬梯安装→除锈刷漆。

工艺做法：爬梯固定预埋件应在主体施工时安装到位，预埋间距不宜超过1200mm，且固定点不应少于3处。安装固定时，爬梯下部距离地面约600mm，爬梯宽度为800mm，踏步间距为300mm，爬梯顶部扶手应高出女儿墙不小于1000mm，底部设置900mm高防攀爬门。安装完后，进行打磨除锈处理，确保表面平整光滑后涂刷防锈漆。

控制要点：离地高度、离墙距离、安装固定牢固。

质量要求：焊缝饱满、表面平整光滑、油漆涂刷均匀。

做法详图（图8-71）：

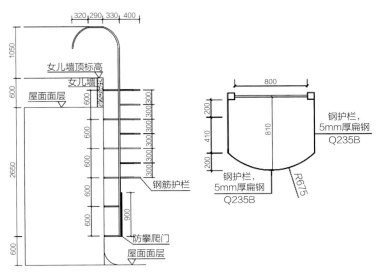

图8-71　屋面爬梯做法

工程实例（图8-72）：

图8-72　屋面爬梯做法实例

8.3.3 金属屋面天沟伸缩缝做法

施工工序：槽口清理→弹线定位→钢板加工→钢板安装→盖板安装。

工艺做法：伸缩缝选用金属型，由不锈钢板、连接件、盖板三部分加工而成。根据施工图纸确定出伸缩缝位置，沿金属屋面天沟环向布置，间距≤30m，将不锈钢支座固定在变形缝两侧且贴合严密无缝隙，将盖板及支座连接处用密封胶进行封堵，保持柔性连接。

控制要点：支座与屋面连接严密无缝隙、变形缝布置间距控制。

质量要求：安装牢固、不得翘曲。

做法详图（图8-73）：

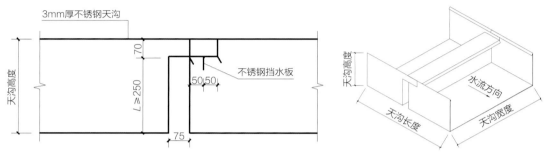

图8-73　金属屋面天沟伸缩缝做法

工程实例（图8-74）：

图8-74　金属屋面天沟伸缩缝做法实例

8.3.4 超高爬梯平台做法

施工工序：弹线定位→固定件安装→爬梯加工→爬梯安装→除锈刷漆。

工艺做法：当屋面高度≥10m时应采用多段梯，不应采用单段梯。当检修梯高度过高时需设梯间休息平台，休息平台设置在检修梯1/2位置处且不宜超过6m，休息平台尺寸2000mm×2000mm。休息平台应设置防护栏杆，高度≥1050mm。

控制要点：安装固定牢固、休息平台距离、防护栏杆高度。

质量要求：焊缝饱满、表面平整、油漆涂刷均匀。

做法示意图（图8-75、图8-76）：

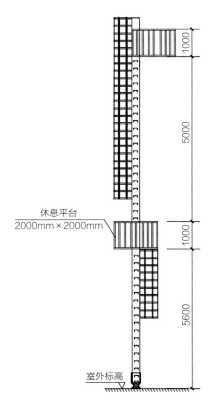

图8-75 超高爬梯平台做法

图8-76 超高爬梯平台做法实例

8.3.5　雨水管道水簸箕做法

施工工序：材质确定→石材加工→拼装→安装、打胶。

工艺做法：根据落水管位置、屋面面层材质、工程创优要求等综合确定水簸箕造型和材质，一般采用石材或饰面砖制作。石材加工前，应设计好水簸箕的尺寸，下料加工石材时棱角应做倒角处理，拼装时采用结构胶或云石胶将石材拼接成一个整体，静置24h后方可移动。组装完成后，将水簸箕与水落口中心位置对应，底部石材宜内高外低，与墙面及屋面交接处应打胶封闭，胶缝要求顺直、饱满。

控制要点：石材加工尺寸、排水坡度、胶缝。

质量要求：造型美观、协调一致、粘结牢固、胶缝均匀顺直。

做法详图（图8-77）：

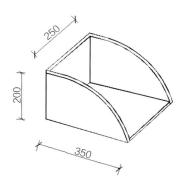

图8-77　雨水管道水簸箕做法

工程实例（图8-78）：

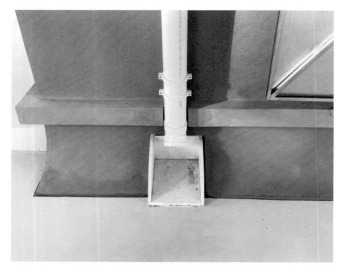

图8-78　雨水管道水簸箕做法实例

8.3.6 虹吸雨水斗节点做法

施工工序：虹吸雨水斗定位→虹吸雨水斗形式选择→铺贴防水层→安装固定→刷漆。

工艺做法：常规金属屋面虹吸雨水斗周边应采用下沉式设计，对于排水沟内无法下沉的虹吸雨水斗，为确保必要的储水深度，同时预防瞬时降雨量过大的极端天气所造成的危害，需设置溢流管，溢流管设置高度与排水沟上口平齐。

控制要点：虹吸雨水斗位置、虹吸雨水斗材料、溢流管设置高度。

质量要求：虹吸雨水斗与屋顶或外墙的连接应紧密牢固、安装外观整洁。

做法详图（图8-79、图8-80）：

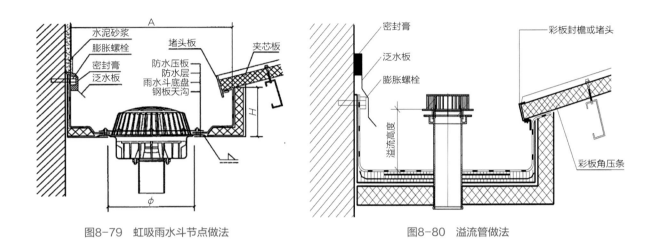

图8-79　虹吸雨水斗节点做法　　　　　　　　图8-80　溢流管做法

工程实例（图8-81）：

图8-81　虹吸雨水斗节点做法实例

8.3.7 屋面管线栈桥做法

施工工序：弹线定位、尺寸测量→成品不锈钢平台加工→固定件安装→不锈钢平台安装。

工艺做法：屋面管线栈桥由成品不锈钢平台、钢护栏、钢踏步、固定件组成，在屋面机电设备安装后进行安装，平台两侧立柱间距1000mm，高度1200mm，中部设置一道拦腰杆。屋面管线栈桥安装完后，进行打磨除锈处理，确保表面平整光滑后涂刷防腐漆。

控制要点：安装牢固、防锈处理。

质量要求：焊缝饱满、表面平整、油漆涂刷均匀。

做法详图（图8-82）：

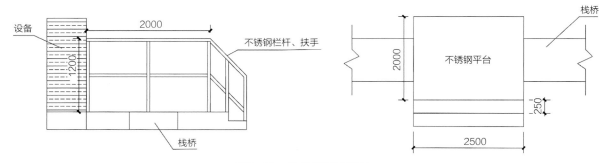

图8-82　屋面管线栈桥做法

工程实例（图8-83）：

图8-83　屋面管线栈桥做法实例

8.4 建筑给水排水与通风空调

8.4.1 冷媒管敷设于槽盒内做法

施工工序：材料预制加工→支架安装→金属槽盒安装→空调冷媒管敷设→系统试验→槽盒盖板安装→标识粘贴或喷涂

工艺做法：根据冷媒管的走向、标高，确定管线敷设路由（分为吊装和地面支架安装）。根据槽盒宽度、安装高度，预制加工支吊架。现场用红外线水平仪进行放线，按照规范要求的间距安装支架。槽盒在支架上进行安装，并将槽盒与支架角钢固定牢固。按照冷媒管的施工要求，在槽盒内进行冷媒管敷设，敷设并试验完成后，将槽盒盖板安装牢固，粘贴或喷涂标识。

控制要点：支吊架的加工、安装，槽盒的固定。

质量要求：支架安装牢固，槽盒安装顺直，转弯过渡自然，标高转换不得使用90°弯头，槽盒内管道不得超过两层，槽盒高度宜选用100~200mm。

做法详图（图8-84）：

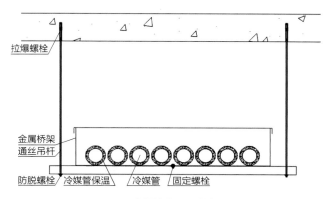

图8-84　冷媒管敷设于槽盒内做法

工程实例（图8-85）：

图8-85　冷媒管敷设于槽盒内做法实例

8.4.2 喷淋系统末端试水装置做法

施工工序：材料预制加工→支架安装→管道及阀门、压力表安装→系统试验→标识、标牌安装。

工艺做法：末端试水装置由试水阀、压力表试水接头等组成，每个报警阀组控制的最不利点喷淋头处均设置末端试水装置，其他防火分区、楼层均应设直径为25mm的试水阀。末端试水装置和试水阀的安装高度宜为距地面1.5m，排水应间接排入排水管。

控制要点：管径应为DN25mm，阀门和压力表的安装。

质量要求：支架安装牢固，试水管的管径正确，压力表及旋塞阀安装正确。

做法详图（图8-86）：

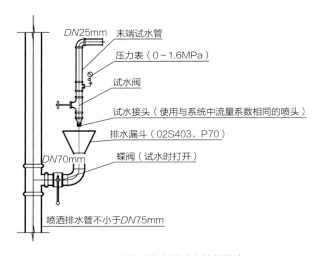

图8-86　喷淋系统末端试水装置做法

工程实例（图8-87）：

图8-87　喷淋系统末端试水装置做法实例

8.4.3 金属风管防火板包封做法

施工工序：材料预制加工→龙骨安装→岩棉安装→防火板安装→包边条安装。

工艺做法：根据设计要求的防火包封做法、耐火时限等进行防火包封施工。

控制要点：U形龙骨安装、防火板安装。

质量要求：U形龙骨安装牢固，防火板与U形龙骨的固定要根据防火板及保温层的厚度，选用长度合适的自攻螺钉，自攻螺钉间距不得大于100mm，均匀布置，包边条自攻螺钉的固定与防火板的固定要求一致。

做法详图（图8-88、图8-89）：

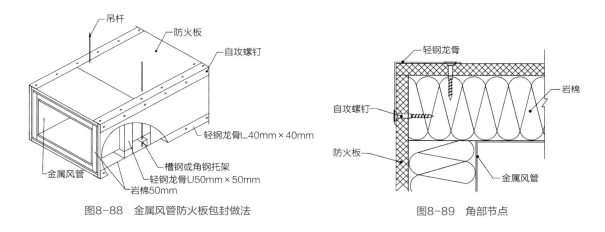

图8-88　金属风管防火板包封做法　　　　　　图8-89　角部节点

工程实例（图8-90）：

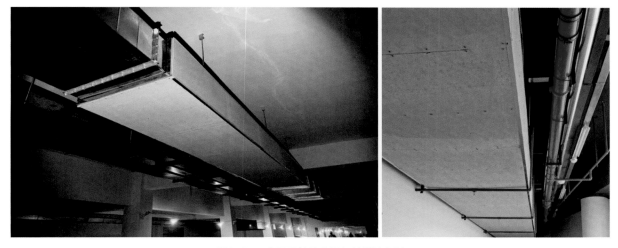

图8-90　金属风管防火板包封做法实例

8.4.4 超宽风管消防喷淋做法

施工工序：材料预制加工→支架安装→管道安装→系统试验。

工艺做法：当通风管道、成排槽盒、管道或梁宽大于1.2m时，应在其腹面下增设下垂喷头。

控制要点：喷头居中安装，穿过风管后安装支架。

质量要求：支架安装牢固，喷头成排成线。

做法详图（图8-91）：

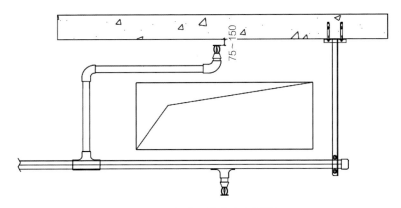

图8-91 超宽风管消防喷淋做法

工程实例（图8-92）：

图8-92 超宽风管消防喷淋做法实例

8.4.5 管道保温金属防护壳做法

施工工序：尺寸量测→放样→加工制作→安装。

工艺做法：测量绝热面层直径及弧长，从距弧线端向外10~15mm处计算虾弯长，根据管径不同，确定虾弯组成节数，按照虾弯内弧总长度，平均分配，确定每个虾弯组成节的尺寸后进行下料。安装时，每个弯从上到下或从左到右咬口方向应一致，虾弯要过渡自然、圆滑平顺，咬口严密无折皱，接缝应放在正视不明显位置，成排虾弯接缝方向一致，每个虾弯组拼节在接缝处不少于两个铆固点。

控制要点：虾弯组拼节数、咬口、接缝。

质量要求：保护壳应固定牢固，接缝咬口严密无缝。

做法详图（图8-93）：

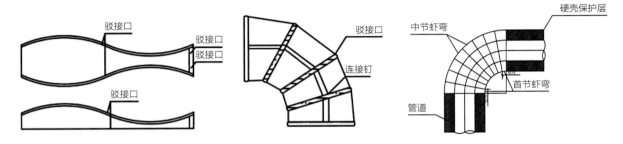

图8-93 管道保温金属防护壳做法

工程实例（图8-94）：

图8-94 管道保温金属防护壳做法实例

8.4.6 管线及设备标识牌做法

施工工序：图样设计→图样制作→位置确定及清理→粘贴（挂牌）。

工艺做法：管道表面粘贴标识前，必须做好清洁，确保表面无尘无油污、平整光滑，标识部位应选在宜观察部位，应设置在便于操作、观察的直线段上，避开管件等位，成排管道标识应整齐一致。垂直管道标识部位宜设置在朝向通道一侧的管道轴线中心，成排管道以满足标识高度的直线段最短管道为基准，依次一致标识。

控制要点：标识颜色、大小、位置。

质量要求：粘贴要牢固、清晰，粘贴无翘边。

做法详图（图8-95）：

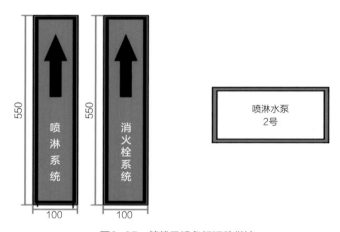

图8-95 管线及设备标识牌做法

工程实例（图8-96）：

图8-96 管线及设备标识牌做法实例

8.4.7　水泵减振做法

施工工序：减振器定位→减振器形式选择→设备抬升→安装减振器。

工艺做法：将设备提升至设备基座高于减振器运行高度5mm的位置，保持这一高度直到管道设施安装完成。将减振弹簧置于设备底部与减振器框架中，连接固定螺栓和垫圈，但不要拧紧，通过逆时针调节螺栓将设备重量逐渐转移到弹簧上，直到弹簧被压缩到恰好能移开垫块后紧固固定螺栓，安装完成。

控制要点：减振器应按照规定的安装顺序进行安装。减振器的静态压缩变形不能超过允许的最大限度，连接部件应使用合适的紧固件进行连接，以确保其紧固度和稳定性。

质量要求：安装完成后，设备结构应具有足够的稳定性，设备减振器应四角布置齐全，减振器受力均匀，无偏斜或变形超标现象，振动及噪声在允许范围内。

做法详图（图8-97）：

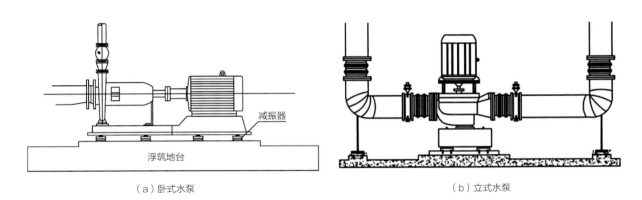

（a）卧式水泵　　　　　　　　　　　　　　　　　（b）立式水泵

图8-97　水泵减振做法

工程实例（图8-98）：

（a）卧式水泵　　　　　　　　　　　　　　　　　（b）立式水泵

图8-98　水泵减振做法实例

8.4.8 弧形结构消防箱支架做法

施工工序：测量定位→支架形式设计→绘制加工图样→下料→钻孔→焊接→刷漆→安装。

工艺做法：根据测量结果和设计图纸，选择合适的支架形式。支架加工应采用切割机下料，台钻钻孔，型钢切割面应打磨光滑，端部倒圆弧角，拐角处应采用45°拼接，拼接缝采用焊接，焊缝应饱满、打磨平滑。支架应先刷防锈漆两道，再刷灰色面漆两道。支架采用后置钢板膨胀螺栓固定时，螺栓距钢板边缘尺寸应为25~30mm，螺栓根部应加垫片，外露支架的螺栓宜采用圆头螺母收头。成排支架标高、形式、朝向应一致，支撑面应为平面。

控制要点：切割、钻孔、焊接、刷漆。

质量要求：支架上不得气焊开孔或存在废孔，支架应安装牢固、平整，焊缝应饱满，油漆均匀、光亮。

做法详图（图8-99）：

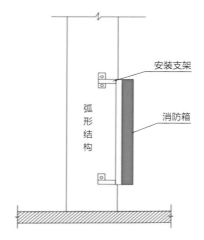

图8-99 弧形结构消防箱支架做法

工程实例（图8-100）：

图8-100 弧形结构消防箱支架做法实例

8.4.9 穿墙管线防火封堵做法

施工工序：制作安装钢套管→风管安装→缝隙防火封堵→防火板安装。

工艺做法：加工制作风管套管采用厚度不小于1.6mm的钢板，钢套管接缝应满焊，钢套管尺寸应比风管四周尺寸大50mm，钢套管长度与墙面厚度一致。钢套管安装完成后，采用不燃保温材料将钢套管与风管间隙填塞密实，采用9mm厚、100~150mm宽防火板收口。风管穿越防火分区处，必须设防火阀，防火阀与分隔墙间距不大于200mm，风管长边大于630mm时，宜在防火阀两侧设置单支吊架。

控制要点：钢套管加工、填塞、收口、防火板安装。

质量要求：防火板严密、粘结牢固、平整。

做法详图（图8-101）：

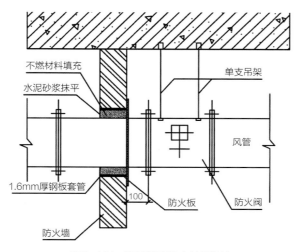

图8-101 穿墙管线防火封堵做法

工程实例（图8-102）：

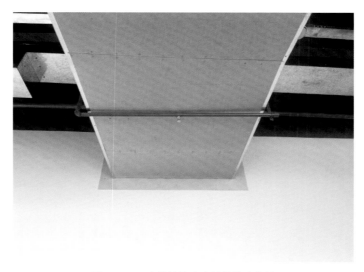

图8-102 穿墙管线防火封堵做法实例

8.4.10 穿墙套管做法

施工工序：套管制作与安装→套管间隙填塞→修补洞口→安装装饰圈。

工艺做法：首先按照管道规格及已完成装饰面层的厚度切割套管，套管比管道大1～2号（套管间隙10～20mm为宜），要考虑管道保温或保冷层厚度，使保温或保冷层在套管内不间断，套管与装饰后墙面平齐，套管安装前内外刷防锈漆后套入管道并安放于各个洞口处，用木楔、油麻固定，使套管与管道同心，套管与墙面平齐，修补洞口后安装饰圈。消防水池池壁的套管按设计要求选用防水套管，装饰圈的宽度与管道直径相匹配。

控制要点：套管与直管的同心度、填塞密实、捻口。

质量要求：套管间隙均匀且与墙面平齐，装饰圈贴墙严密，无变形错位。

做法详图（图8-103、图8-104）：

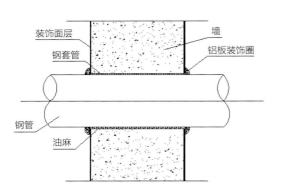

图8-103　刚性穿墙套管做法

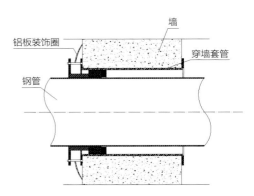

图8-104　柔性穿墙套管做法

工程实例（图8-105、图8-106）：

图8-105　刚性穿墙套管实例

图8-106　柔性穿墙套管实例

8.5 建筑电气

8.5.1 室外金属栏杆接地做法

施工工序：预留预埋点位甩点→接地点与扶手预埋件连接→标识粘贴。

工艺做法：当设计无要求时，采用φ12mm镀锌圆钢由就近的防雷引下线或接闪带暗敷处引至栏杆扶手预埋件，与预埋件进行焊接，并做好标记，待石材或装饰面完成后，在标记处适当位置粘贴标识。

控制要点：栏杆分段处的连接跨接，伸缩缝处应预留伸缩长度，定制标识应体现项目特点。

质量要求：焊接质量、搭接倍数符合规范要求，标识粘贴位置准确、合理、美观。

做法详图（图8-107）：

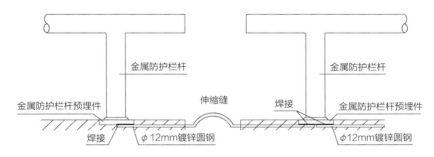

图8-107 室外金属栏杆接地做法

工程实例（图8-108）：

图8-108 室外金属栏杆接地做法实例

8.5.2 卫生洁具等电位联结做法

施工工序：预留预埋→等电位导线敷设→等电位导线压接。

工艺做法：当设计无要求时，局部等电位箱进线可采用25mm×4mm热镀锌扁钢、等电位导线可采用BVR-1×4mm²导线。结构预留预埋时，应结合精装瓷砖排布、洗手台安装工艺做法及水管位置合理布设等电位出线位置，并进行施工。花洒混合阀处可不设置预埋线盒，直接甩管穿线与混合阀接头进行连接，然后使用混合阀装饰盖封盖。洗脸盆下等电位导线由等电位面板出线孔引出后与金属软管采用抱卡进行连接。卫生间插座需进行等电位联结，等电位导线与插座PE点进行压接。

控制要点：预留预埋点位齐全、准确，等电位面板出线孔的护口齐全严密，局部等电位箱内端子板一个端子只能压接一个跨接地线。

质量要求：明露等电位导线排列顺直、美观，等电位导线与管道压接牢靠，局部等电位箱内排线整齐、压接牢固。

做法详图（图8-109）：

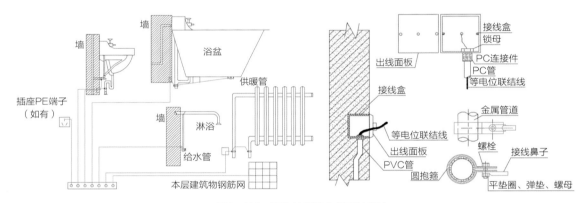

图8-109　卫生洁具等电位联结做法

工程实例（图8-110）：

图8-110　卫生洁具等电位联结做法实例

8.5.3 配电箱、柜铜排防护做法

施工工序：配电箱、柜加工定制交底→配电箱、柜排板加工。

工艺做法：配电箱、柜加工时，要求厂家根据配电箱、柜内元器件及铜排排布情况，配套加工定制防护绝缘板。防护绝缘板设置应合理、可靠、便于拆卸，且不得妨碍开关操作。防护绝缘板标识粘贴清晰、牢靠。

控制要点：防护区域合理有效，防护绝缘板拆卸方便，便于检修。

质量要求：防护绝缘板安全可靠，标识清晰。

工程实例（图8-111）：

图8-111 配电箱、柜铜排防护做法实例

8.5.4　报警阀组接线做法

施工工序：接线盒加工、安装→管路敷设、连接→穿线→封盖盖板。

工艺做法：信号蝶阀接线先用防水型胶粘剂将防火防水型专用接线盒粘接在信号蝶阀接线处，然后采用塑形比较好的可挠性金属电气导管将过线盒盲板与防火防水型专用接线盒进行连接、穿线，待压线完成后进行封盖。压力开关接线先根据压力开关大小选择尺寸适合的防火防水型专用接线盒套在压力开关上，最后采用塑形比较好的可挠性金属电气导管将过线盒盲板与防火防水型专用接线盒进行连接、穿线，待压线完成后进行封盖。

控制要点：明装线盒及面板防火等级符合设计及规范要求；明装线盒开孔与管路相匹配；可挠性金属电气导管设置滴水弯；管路与线盒连接采用专用接头。

质量要求：线盒安装牢固，导管敷设美观，成排导管、线盒位置布设标准一致。

做法详图（图8-112）：

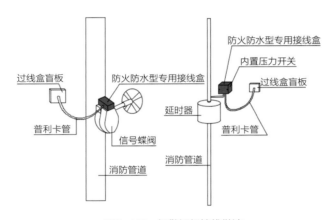

图8-112　报警阀组接线做法

工程实例（图8-113）：

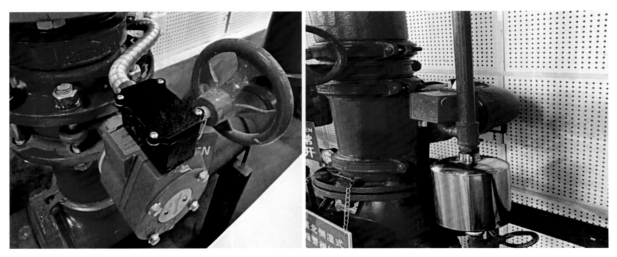

图8-113　报警阀组接线做法实例

8.5.5 防火阀接线做法

施工工序：接线盒加工、安装→管路敷设、连接→穿线→封盖盖板。

工艺做法：根据防火阀接线端大小，将金属146接线盒进行开孔后，用螺钉固定在防火阀上。采用塑形比较好的可挠性金属电气导管将过线盒盲板与金属146接线盒进行连接并穿线，待压线完成后将146接线盒封盖。

控制要点：明装线盒及面板防火等级符合设计及规范要求，明装线盒开孔与管路相匹配，管路与线盒连接采用专用接头。

质量要求：线盒安装牢固；导管敷设美观。

做法详图（图8-114）：

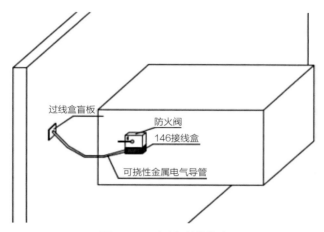

图8-114　防火阀接线做法

工程实例（图8-115）：

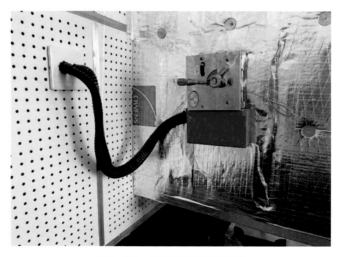

图8-115　防火阀接线做法实例

8.5.6　设备电源线槽钢管支架做法

施工工序：导管支架制作加工→导管支架固定→导管支架与线槽连接。

工艺做法：依据敷设电缆规格型号、数量选择合适的钢管，根据线槽安装高度对钢管进行切割，钢管顶部与底部均与钢板托焊接（一端用于与地面进行固定支撑，一端用于与线槽固定支撑），测量好电缆出线孔位置对钢管进行开孔处理（出线孔高度一般与电动机接线盒位置高度一致），再根据孔洞大小及金属软管尺寸加工电缆出线孔封板，最后将钢管与地面、线槽采用螺栓进行固定。

控制要点：线槽与钢管支架连接螺母设置在外侧，钢管与槽盒接地线齐全，标识清晰，钢管开孔大小合理，出线口封板开孔与管路相匹配。

质量要求：钢管支架制作标准、安装标准一致，线槽与钢管支架、钢管支架与接地干线跨接地线设立标准一致，钢管支架成排成线。

做法详图（图8-116）：

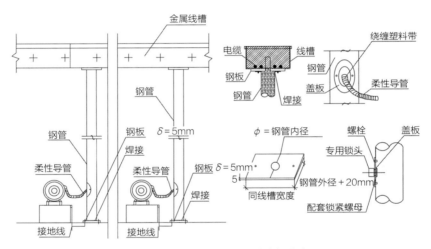

图8-116　设备电源线槽钢管支架做法

工程实例（图8-117）：

图8-117　设备电源线槽钢管支架做法实例

8.5.7 机房泵组设备接地做法

施工工序：预留预埋→接地线制作→接地线安装→标识粘贴。

工艺做法：根据设备位置在结构施工期间预埋接地扁钢，设备安装就位后将接地扁钢进行调直并开孔，一孔用于压接与电气导管之间的接地，一孔用于压接与设备之间的接地。房间其他工序施工完毕后，进行接地扁钢刷漆及接地标识粘贴工作，刷漆采用15～100mm宽度相等黄色和绿色相间的条纹（注：跨接地线截面选择应为设备电源线的PE线的一半，最大不超过25mm²，最小不小于4mm²）。

控制要点：预埋扁铁与跨接地线连接一个端子点只能设立一根跨接地线，跨接地线截面积选择正确，跨接地线与设备本体相连接，管道伸缩节、膨胀节要设立跨接地线，设备处钢管管路、槽盒与预留扁铁进行连接。

质量要求：接地线压接牢固，成排设备接地线做法标准一致、成排成线。

做法详图（图8-118）：

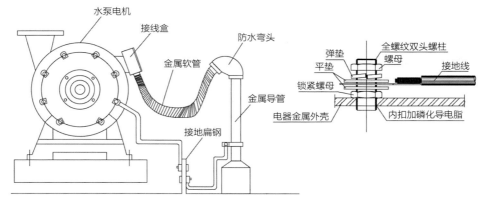

图8-118 机房泵组设备接地做法

工程实例（图8-119）：

图8-119 机房泵组设备接地做法实例

8.5.8　非镀锌金属槽盒跨接地线做法

施工工序：接地线制作→接地线安装→标识粘贴。

工艺做法：非镀锌金属槽盒跨接地线采用不小于BVR-1×4mm²导线，跨接地线设置成C形并固定于槽盒外侧本体、连接板的两侧（竖向端垂直于槽盒、底端与槽盒底平行）。槽盒超过30m时，每隔20~30m应增设一个接地点。槽盒与配电箱、柜连接处，需采用跨接地线将槽盒与配电箱、柜内PE排进行连接，在槽盒跨接地线压线端20~30mm处标识粘贴。

控制要点：槽盒超过30m必须增设一个接地点，槽盒三通、弯头、伸缩节、槽盒始末端、槽盒入配电箱柜处必须设置接地。

质量要求：接地线压接顺直，接地线安装、接地标识粘贴标准一致。

做法详图（图8-120）：

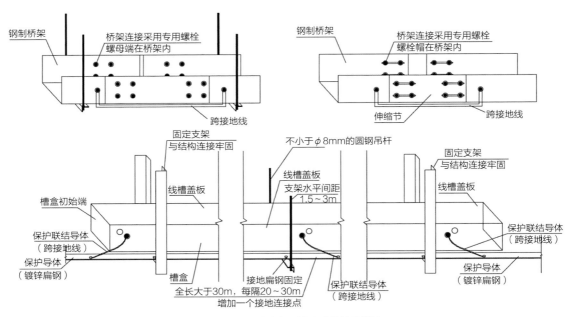

图8-120　非镀锌金属槽盒跨接地线做法

工程实例（图8-121）：

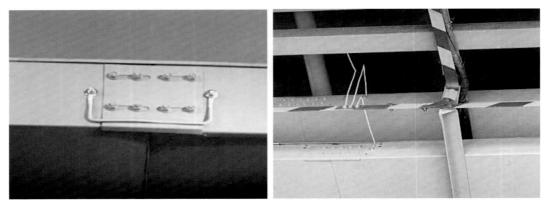

图8-121　非镀锌金属槽盒跨接地线做法实例

8.5.9 电缆沟内电缆排布做法

施工工序：电缆敷设顺序策划→电缆敷设→标识悬挂。

工艺做法：根据变配电室内低压出线柜的排列位置和楼内配电箱、柜在关键线路上的位置，按照先远后近的原则进行合理策划，并形成策划表（策划表展现电缆分层情况及每层敷设的先后顺序），依据策划表进行电缆敷设，每敷设一根电缆便进行整理和固定，待一层电缆敷设完毕后悬挂标识。

控制要点：矿物质电缆与普通电缆分开敷设。电缆沟内严禁出现强弱电导线（如有需采用导线穿管敷设或采用隔板隔开的形式）。电缆专用金属卡与电缆固定时，在电缆和卡具之间设置防电缆损伤护垫。金属电缆支架应设置接地。

质量要求：电缆排列整齐间距一致、合理美观；电缆固定卡具齐全、间距一致；电缆标识齐全、标注信息清晰准确，布设美观。

做法详图（图8-122）：

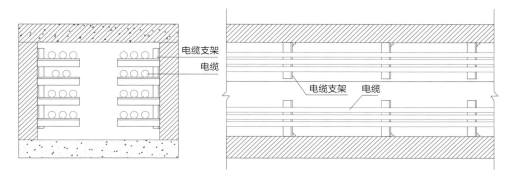

图8-122 电缆沟内电缆排布做法

工程实例（图8-123）：

图8-123 电缆沟内电缆排布做法实例

8.5.10 竖向槽盒内电缆固定做法

施工工序：电缆敷设顺序策划→电缆敷设→标识悬挂。

工艺做法：根据变配电内低压出线柜的排列位置和楼内配电箱、柜在关键线路上的位置，按照先远后近的原则进行合理策划，并形成策划表（策划表展现电缆分层情况及每层敷设先后顺序），然后依据策划表进行电缆敷设，每敷设完一根电缆便进行整理和固定，待一层电缆敷设完毕后悬挂标识。

控制要点：槽盒内严禁出现导线与电缆共槽现象，槽盒内严禁出现强弱电导线共槽现象，电缆专用金属卡与电缆固定时在电缆和卡具之间设置防电缆损伤护垫，槽盒内多层电缆敷设时应在槽盒内增设电缆固定支架。

质量要求：电缆排列间距一致、合理美观；电缆固定卡具齐全、间距一致；电缆标识齐全、标注信息清晰准确，布设美观。

做法详图（图8-124）：

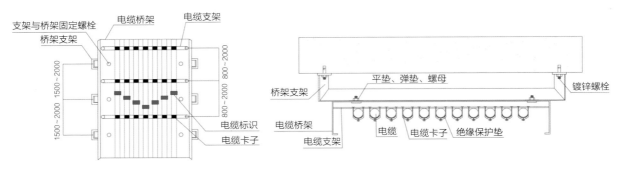

图8-124 竖向槽盒内电缆固定做法

工程实例（图8-125）：

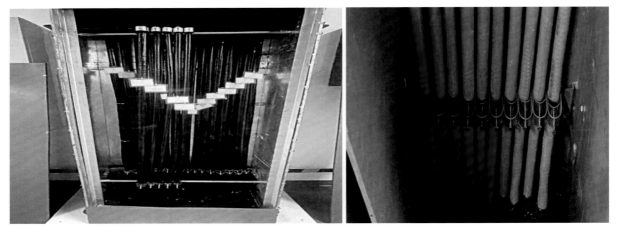

图8-125 竖向槽盒内电缆固定做法实例

8.5.11 穿墙桥架防火封堵做法

施工工序：防火包封堵→防火板加工、安装→防火泥收缝。

工艺做法：电缆桥架在穿越不同防火分区时应有防火隔离措施，桥架穿墙洞口预留尺寸应大于桥架各边50mm。桥架、电缆敷设完毕后，在桥架内及桥架外洞口处均采用防火包进行封堵，防火包封堵时应严密且不能超出墙面。防火板根据桥架宽度和高度均大于100mm进行裁剪，然后采用对角斜线拼接法连接，并紧贴桥架与墙面进行固定（如防火板与桥架之间存在缝隙，可用防火泥进行收缝处理）。

控制要点：桥架内部防火封堵到位，防火板尺寸及固定标准合理。

质量要求：防火封堵严密可靠。同区域桥架洞口防火板尺寸尽量一致，固定点位置、做法标准一致，排布美观。防火板与墙面紧贴无缝隙。

做法详图（图8-126）：

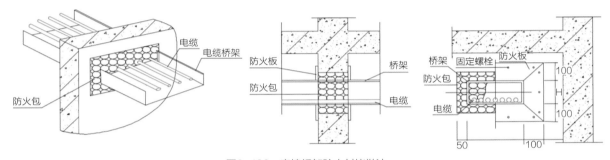

图8-126　穿墙桥架防火封堵做法

工程实例（图8-127）：

图8-127　穿墙桥架防火封堵做法实例

8.5.12 金属屋面避雷带做法

施工工序：避雷带支架固定→防水密封胶施工→避雷带支架装饰圈安装。

工艺做法：避雷带支架高于建筑完成面150mm，避雷带支架间距不得大于1m，直角拐弯处拐弯半径在80～100mm，距转角、变形缝300mm处设置支架。根据支架直径大小在金属屋面上开与其相匹配的孔，将支架插入后与屋面檩条或钢梁进行焊接，焊接后支架要做拉力测试，待测试符合规范要求后用防水密封胶将洞口进行封堵，然后采用装饰圈压盖（注：由于不同的施工工艺施工先后顺序不同，故施工前应与土建单位积极沟通，确定合理的施工顺序后再进行施工）。

控制要点：防水胶涂抹均匀，防水性能可靠。选用与支架匹配的避雷带支架装饰圈。

质量要求：支架固定牢固，避雷带支架装饰圈安装标准一致，整齐美观。

做法详图（图8-128）：

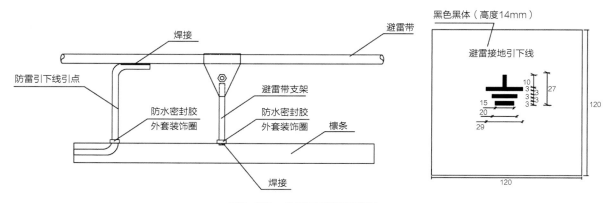

图8-128 金属屋面避雷带做法

工程实例（图8-129）：

图8-129 金属屋面避雷带做法实例

8.5.13 木饰面板墙面插座防火做法

施工工序：防火布加工安装→防火垫安装→导线与插座压接→插座安装。

工艺做法：插座接线盒盒口边缘与装饰墙面相平时，在装饰墙面与插座之间加防火垫进行防火处理。当插座接线盒盒口边缘距装饰墙面成活面间距小于20mm时，除在装饰墙面成活面与插座之间加防火垫外，还应在接线盒与装饰墙面之间利用防火布进行封堵。当插座接线盒盒口边缘距装饰墙面成活面间距大于20mm时，应加装套接盒，套接盒盒口边缘与装饰墙面成活面相平，安装插座时在装饰墙面成活面与插座之间加防火垫进行防火处理。

控制要点：防火材料符合设计及规范要求，防火垫尺寸合适。

质量要求：防火布安装严密、固定牢靠，插座、防火垫与软包、木饰装饰墙面安装紧密、牢靠。

做法详图（图8-130）：

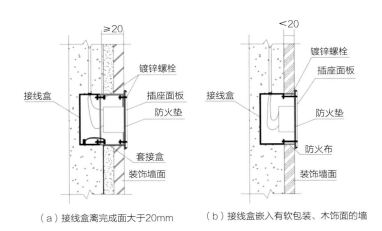

（a）接线盒离完成面大于20mm　　　　（b）接线盒嵌入有软包装、木饰面的墙

图8-130　木饰面板墙面插座防火做法

工程实例（图8-131）：

图8-131　木饰面板墙面插座防火做法实例

8.5.14 线槽灯施工做法

施工工序：灯位引出导线位槽盒开孔→导线敷设→灯具安装。

工艺做法：根据灯具布设位置及标高进行槽盒安装，灯具与槽盒安装可采用螺栓进行固定或采用抱卡进行固定。当采用螺栓直接与槽盒固定时，螺栓帽应选用平滑型且放置于槽盒内，螺母应放置于槽盒外侧，以避免导线敷设划破导线绝缘层。当灯具采用抱卡与槽盒进行固定时，抱卡应与槽盒大小相匹配，槽盒内导线严禁有接头，导线接头应设置在槽盒外的接线盒内。

控制要点：槽盒内严禁出现导线与电缆共槽现象，严禁出现强弱电导线共槽现象，严禁出现导线接头。

质量要求：灯具固定牢固，间距均匀，安装标准一致，成排成线。

做法详图（图8-132）：

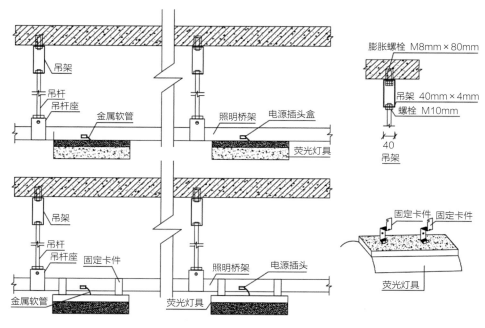

图8-132 线槽灯施工做法

工程实例（图8-133）：

图8-133 线槽灯施工做法实例

8.5.15 架空防静电地板等电位联结做法

施工工序：预留预埋→等电位端子箱安装→地面清理→铜箔敷设→紫铜带敷设→防静电地板支架及其他设备接地施工。

工艺做法：沿防静电地板支架设置位置铺设铜箔，铜箔搭接处采用锡焊搭接连接或夹板夹连接。沿房间四周敷设一圈紫铜带形成等电位联结带，铜箔与紫铜带采用夹板夹连接。当设计无要求时，等电位联结带与等电位箱采用BVR-1×16mm²铜导线进行可靠连接；等电位箱与猎头柜、UPS柜采用BVR-1×16mm²铜导线进行可靠连接，防静电地板支架、空调机柜、防静电地板下各种金属导管槽盒等与等电位联结网格采用BVR-1×6mm²铜导线进行可靠连接。

控制要点：机柜等电位应用两根不同长度的等电位导线与等电位联络网格联结，等电位箱内端子板一个端子只能压接一个跨接地线。

质量要求：等电位联络网格布设平整、排列美观，跨接地线、紫铜排与铜箔安装压接牢靠、安装标准一致、排列整齐。

做法详图（图8-134）：

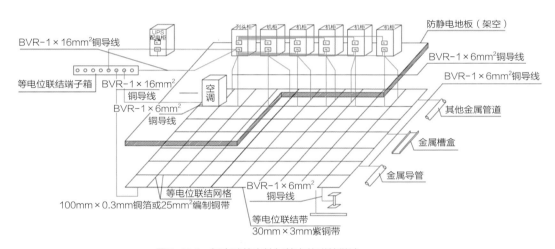

图8-134　架空防静电地板等电位联结做法

工程实例（图8-135）：

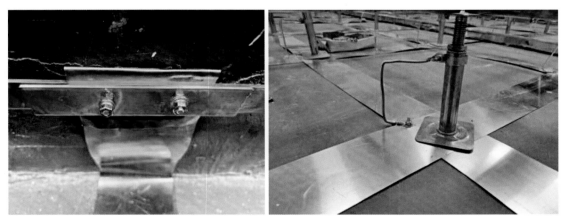

图8-135　架空防静电地板等电位联结做法实例

8.5.16 高大空间灯具防坠做法

施工工序：防坠钢锁或防坠链加工→防坠钢锁或防坠链固定→防坠钢锁或防坠链与灯具固定→灯具安装。

工艺做法：灯具订货加工时要求厂家根据灯具重量配置与其匹配的防坠钢锁或防坠链，根据现场实际安装情况对防坠钢锁或防坠链长度进行裁剪加工。安装时先将防坠钢锁或防坠链与建筑物进行固定，然后与灯具进行固定，最后固定灯具。

控制要点：防坠钢锁或防坠链选用规格、使用长度合理，锁具可靠有效。

质量要求：防坠钢锁或防坠链与建筑物、灯具固定牢靠，同区域安装方法标准一致。

做法详图（图8-136）：

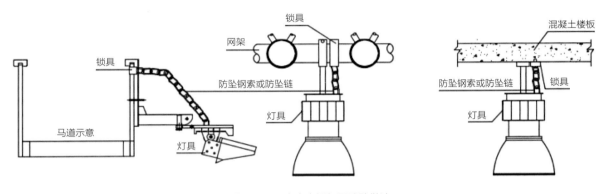

图8-136　高大空间灯具防坠做法

工程实例（图8-137）：

图8-137　高大空间灯具防坠做法实例

8.5.17 防雷接地测试点做法

施工工序：线盒预埋→面板安装→设置标识。

工艺方法：预埋扁铁钢及100mm×100mm×50mm线盒，线盒与墙面平齐，镀锌扁钢钻φ12mm孔，安装防松垫片及蝴蝶螺母，螺母居预埋盒中心。铜制面板用螺钉固定在预埋盒上，钢制面板标识牌应标明接地测试点、接地符号、测试点编号。

控制要点：端子尺寸符合规范要求、标识清晰、编号正确。

质量要点：测试点距地高度符合设计要求，端子箱平整度误差不大于1mm。

做法详图（图8-138）：

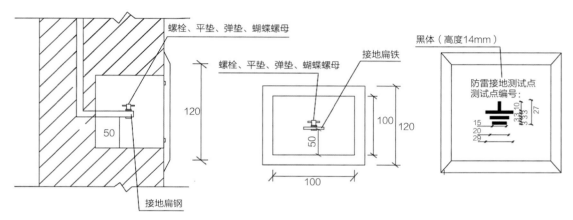

图8-138 防雷接地测试点做法

工程实例（图8-139）：

图8-139 防雷接地测试点标识牌实例

8.5.18　配电室接地母线做法

施工工序：支架制作安装→母线安装→螺栓安装→设置标识。

工艺方法：用扁钢制作接地母线支架，支架末端加工成燕尾形，埋设深度不小于50mm，出墙平直端长度为10～15mm，上弯立面长度为40mm。支架安装间距1m，离地高度为300mm。每个房间设不少于2处的蝴蝶螺母作为临时接线柱，过门处暗敷埋设，转角用扁铁煨制成圆弧形，煨弯半径R≥100mm，穿墙处加设保护套管保护。接地母线应刷45°斜向黄绿相间标识油漆，条纹间距100mm，临时接线柱两侧各留20mm宽度不刷漆。

控制要点：接地母线距建筑物表面10～15mm，搭接长度符合规范要求，蝴蝶螺母、标识齐全。

质量要点：支架间距均匀，距墙距离一致，接地母线敷设顺直，油漆涂刷均匀，分色清晰。

做法详图（图8-140）：

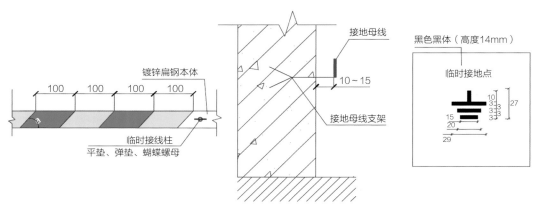

图8-140　配电室接地母线做法

工程实例（图8-141）：

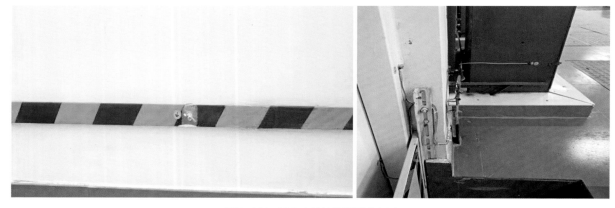

图8-141　配电室接地母线做法实例

8.5.19　屋面透气管防雷接地做法

施工工序：引接接地线→抱箍安装→避雷针安装→设置标识。

工艺方法：采用镀锌扁钢自屋面避雷网从透气管根部引出，用抱箍沿透气管固定，距根部或装饰台间距300mm，根部与接地线连接，搭接长度不小于100mm，透气管的连接部位做接地跨接。

控制要点：避雷针形状美观、固定牢固，搭接长度符合规范要求。

质量要求：接地可靠，避雷针安装垂直。

做法详图（图8-142）：

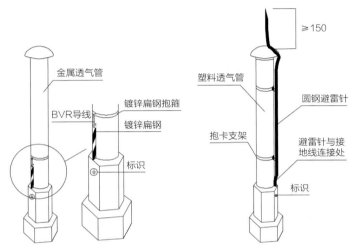

图8-142　屋面透气管防雷接地做法

工程实例（图8-143）：

图8-143　屋面透气管防雷接地做法实例

8.5.20　管井金属管道接地做法

施工工序：引线→管箍安装→连接。

工艺方法：由接地预埋钢板或垂直接地母线上引接地母线，接地母线距地300～500mm，距墙10～15mm，并间隔100mm刷45°斜向黄绿相间油漆。将与管径相匹配的接地抱箍安装于管道上，抱箍必须与金属体紧密接触，编织软铜线一端与抱箍连接，另一端与接地母线连接，螺栓连接处应加平垫片和弹簧垫片。DN≥100mm时，采用BVR-1×10mm²导线，DN≤80mm时，采用BVR-1×4mm²导线。

控制要点：管箍安装朝向一致、标准一致、接地可靠；接地母线距墙10～15mm。

质量要求：接地线敷设牢固、平直；支架间距≤1m。

做法详图（图8-144）：

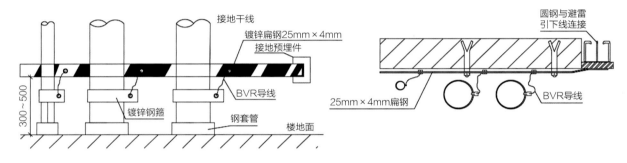

图8-144　管井金属管道接地做法

工程实例（图8-145）：

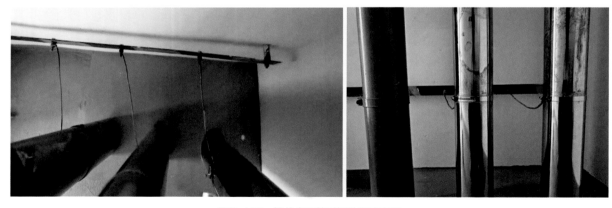

图8-145　管井金属管道接地做法实例

8.5.21　风机设备接地做法

施工工序：接地线→连接→刷漆→设置接地标识。

工艺方法：用25mm×4mm的镀锌扁钢从就近的避雷网引接地线，接地扁钢一端与避雷网连接，另一端在风机附近地面引出，应高于设备基础100～200mm。接地扁钢与风机采用BVR导线进行接地连接。伸出地面的接地扁钢应刷黄绿相间油漆。风管软连接两端应利用BVR导线进行连接。接地扁钢附近应设置接地标识。

控制要点：风管软连接部位跨接地线应压接风管法兰侧。

质量要求：接地可靠，标识规范明确。

做法详图（图8-146）：

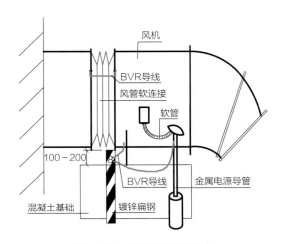

图8-146　风机设备接地做法

工程实例（图8-147）：

图8-147　风机设备接地做法实例

8.6 室外工程

8.6.1 室外雨篷滴水线做法

施工工序：找平→弹线定位→滴水槽安装→腻子涂料施工→成品保护。

工艺做法：雨篷滴水线施工时，先对顶部基层抹灰找平、套方，第一遍抹灰找平厚度应考虑滴水线外露高度。抹灰完成后进行成品滴水线粘贴，转角部位处应裁割成45°拼接，滴水槽应采用U形槽，两侧距结构边缘70mm，端部距结构边缘50mm，两端在距墙面30mm处应断开做截水处理。

控制要点：滴水线顺直、位置控制准确、无污染。

质量要求：滴水线顺直无污染、边缘宽度一致、排水通畅、无窜水问题。

做法详图（图8-148、图8-149）：

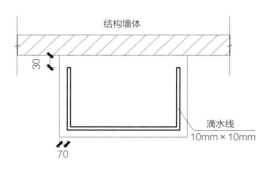

图8-148 室外雨篷滴水线做法平面图

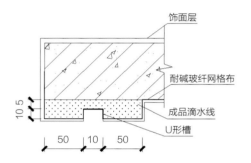

图8-149 室外雨篷滴水线做法剖面图

工程实例（图8-150）：

图8-150 室外雨篷滴水线做法实例

8.6.2 线性排水沟做法

施工工序：基层找平→弹线定位→U形槽安装→缝隙式不锈钢盖板安装→石材铺贴。

工艺做法：安装排水沟底部U形槽前弹好定位线，沿定位线向流水方向按1%~2%找坡。安装U形槽及缝隙式不锈钢盖板时，盖板安装前需采用密缝胶条对雨水口进行保护。缝隙式不锈钢盖板安装完成后，进行地面面层施工，块材地面与盖板间缝隙可采用耐候胶进行封闭。

控制要点：底层U形槽标高控制、面层盖板标高控制、石材与盖板交接部位密封处理、成品保护。

质量要求：U形槽对接顺直、排水通畅、排水口与地面面层标高一致。

做法详图（图8-151）：

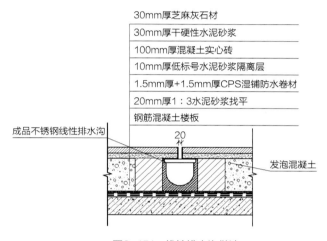

图8-151　线性排水沟做法

工程实例（图8-152）：

图8-152　线性排水沟做法实例

8.6.3 室外台阶排水槽做法

施工工序：基层处理→防水层→石材铺贴→勾缝。

工艺做法：石材铺贴前根据排板图在台阶及休息平台上方预留排水槽位置，排水槽宽度宜为150~200mm，深度宜为低于大面石材20~30mm。石材铺贴时先铺贴排水槽部位石材，然后再铺贴台阶及休息平台其他部位石材。

控制要点：防水质量、找坡坡度、石材铺贴。

质量要求：防水无渗水及漏水、石材铺贴平整、坡度合理。

做法详图（图8-153）：

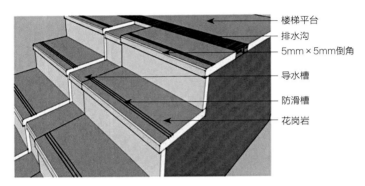

图8-153 室外台阶排水槽做法

工程实例（图8-154）：

图8-154 室外台阶排水槽做法实例

8.6.4 沉降观测点预留节点做法

施工工序：沉降观测点定位→沉降观测盒预埋→钻孔→沉降观测钉螺母埋设→旋入沉降观测钉→设置标识。

工艺做法：沉降观测盒在结构钢筋施工时进行预埋，预埋数量和位置需根据沉降观测方案进行确认，模板拆除后在沉降观测盒内进行钻孔埋设特制的沉降观测钉螺母，采用植筋胶将观测钉螺母进行固定，待植筋胶干燥后旋入沉降观测钉，最后在防护罩盖上激光打印沉降观测名称、编号等信息。沉降观测点选取位置尽量避开人流和车行密集区，防止发生剐蹭。

控制要点：沉降观测盒埋设、观测钉螺母安装、成品保护。

质量要求：预埋盒定位准确、安装牢固，钻孔深度、垂直度满足要求。

做法详图（图8-155）：

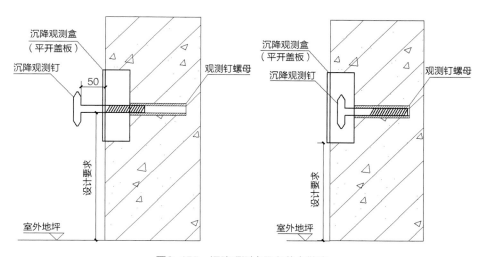

图8-155 沉降观测点预留节点做法

工程实例（图8-156）：

图8-156 沉降观测点预留节点做法实例

第 9 章

工程建设影像

工程建设影像

工程外景一

工程外景二

工程内景一

工程内景二

工程内景三

钢结构工程一

钢结构工程二

索膜结构一

索膜结构二

索膜结构三

室内装修一

室内装修二

设备安装一

设备安装二

体育工艺一

体育工艺二

体育工艺三

体育工艺四

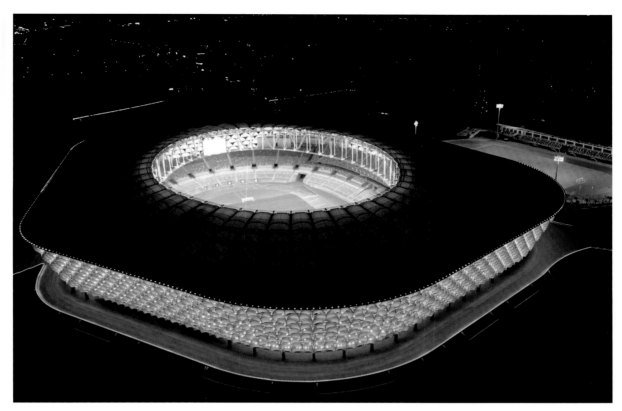

泛光照明一

泛光照明二